性愛200擊
200個讓你／妳大開眼界的性名詞

【前（戲）言】013

【性觀念】014

001【性學sexology】
002【性多元 sexual plurality】
003【性解放emancipation of sexuality】
004【一杯水主義 glass of water theory】
005【性騷擾sexual harassment】

【性傾向】020

006【性傾向sexual orientation】
007【異性戀heterosexual】
008【同性戀homosexual】
009【男同性戀gay】
010【同性成員MOTS】
011【酷兒queer】
012【GLBT】
013【直同志straight】
014【女同性戀lesbian】
015【雙性戀bisexual】
016【跨性別Transgender】
017【無性戀asexual】
018【出櫃come out】
019【恐同症homophobia】

【性關係】034

020【性伴侶sex mate】
021【一夜情one-night stand】
022【炮友fuck buddy】
023【同居cohabitation】
024【分居separation】
025【婚姻marriage】
026【外遇affair】

【性實踐】042

027【性慾eroticism／libido】
028【調情flirt】
029【性行為sexual intercourse】
030【自慰masturbation】
031【自吹autofellate】
032【電愛phonesex】
033【網愛cybersex】
034【前戲foreplay】
035【愛撫 love touch】
036【親吻kiss】
037【愛咬／種草莓 love bite】
038【性交sexual intercourse】
039【做愛make love】
040【打炮fuck】
041【體外性交outercourse】
042【股間交interfemoral intercourse】
043【口交oral sex】
044【吹喇叭\blowjob、cocksucking】
045【操口irrumati】
046【深喉嚨deep throat】
047【舔陰囊teabagging】

048【舔肛rimming、rim job】
049【冰火五重天snow fire blow】
050【舔陰cunnilingus、cunt licking】
051【紅翅膀red wings】
052【震盪hum job】
053【69 sixty-nine position】
054【乳交tit-fuck】
055【手交finger-fuck】
056【腳交footjob】
057【磨蹭frottage】
058【體內性交intercourse】
059【肛交anal sex】
060【釘牢pegging】
061【拳交fisting】
062【獸交animal sex】
063【體位position】
064【叫床sex talk、moaning with pleasure】
065【射精ejaculation】
066【顏射facial】
067【一起射bukkake】
068【口傳精液snowballing】
069【女性射精female ejaculation】
070【後戲afterplay】

【性快感】072

071【性快感sexual pleasure】
072【前列腺快感prostate pleasure】
073【性高潮orgasm】
074【無射精高潮dry orgasm】
075【多重高潮multiple orgasms】
076【假高潮fake orgasm】
077【G點G-spot】
078【餘震aftershock】
079【爽死little death】

【性幻想】080

080【性生活sex life】
081【春夢erotic dreams】
082【夢遺wet dream】
083【性幻想sexual fantasy】
084【性角色扮演{sexual role-playing】
085【癡漢／痴女 frotteurist】
086【亂倫incest】
087【動物扮演animal play】
088【人妻／MILF】
089【強姦幻想rape fantasy】
090【性年齡扮演{sexual ageplay】
091【兒童色情child pornography】
092【羅莉塔Lolita】
093【羅莉控Lolicon】
094【正太控Shotacon】

【性嗜好】094

095【香草性愛vanilla sex】
096【群交group sex】
097【串烤spitroast】
098【插兩根double penetration】

099【密封包airtight seal】
100【巧克力列車 chocolate train】
101【手槍圈 circle jerk】
102【雛菊鏈 daisy chain】
103【雙拼口味both flavours】
104【拿破崙帽 Napoleon's hat】
105【幸運皮耶Lucky Pierre】
106【一男兩女或一女兩男MFF 或 MFM】
107【大鍋炒gangbang】
108【性放浪swinging】
109【開放婚姻open marriage】
110【三人行polyamory】
111【交換伴侶closed group marriage】
112【交換補給線line marriage】
113【隨性做casual sex】
114【轟趴\orgy】
115【打野炮public sex】
116【公廁炮cottaging】
117【皮繩愉虐BDSM】
118【大聲嚼munch】
119【綁縛bondage】
120【堵嘴gag】
121【繩縛shibari】
122【調教discipline】
123【支配與臣服dominance & submission，即D/S】
124【項圈collar】
125【性奴拍賣auctioned off】
126【後宮harem】
127【玩貞操chastity】
128【施虐與受虐sadism & masochism，即S/M】
129【安全暗號safeword】
130【玩感覺sensation play】
131【打屁股erotic spanking】
132【鞭打flagellation】
133【滴蠟wax play】
134【灌腸enema】
135【陰肛刺激figging】
136【窒息性性愛erotic asphyxiation】
137【痛得好good pain】
138【戀物fetish】
139【戀足癖foot fetishism】
140【戀乳癖breast fetishism】
141【黃金雨golden showers】
142【皮革癖 leather fetishism】
143【制服癖uniform fetish】
144【脫衣舞癖stripping fetishism】
145【窺視癖voyeurism】
146【暴露癖exhibitionism】
147【賞月亮mooning】

【性用品】134

148【性玩具sex toy】
149【震動器vibrator】
150【跳蛋egg】
151【G點性玩具G Spot sex toy】
152【假陽具dildo】
153【皮帶假陽具strapon-on dildo】
154【雙頭龍double-ended dildo】
155【馬鞍型性機器Sybian】

156【性機器sex machine】
157【性娃娃 sex doll】
158【性潤滑液lubricant】
159【自慰套masturbator】
160【逼真倒模套realistic vagina and anus】
161【陰莖環cock ring】
162【陰莖增長套penis extension】
163【肛門插butt plug】
164【肛門拉珠anal beads】
165【拉鍊 zipper】
166【乳頭夾nipple clamps】
167【堵嘴球ball gag】
168【綁縛銬bondage cuff】
169【綁縛面罩bondage mask】
170【貞操帶chastity belt】
171【性家具erotic furniture】
172【情趣椅love chair】
173【太空鞦韆love swing】
174【性吊索fisting sling】
175【情趣服飾erotic clothing 】
176【吊帶襪 garter belt】
177【束腰corset】
178【短睡袍babydoll】
179【全身緊身衣unitard】
180【貓裝catsuit】
181【長腿靴Thigh-high_boot】
182【全包式緊身衣zentai】
183【情趣商店 sex shop】

【性產業】158

184【性產業sex industry】
185【脫衣舞striptease】
186【活春宮live sex show】
187【窺視秀peep show】
188【色情按摩 erotic massage】
189【賣淫prostitute】
190【性工作者 sex workers】
191【伴遊／三陪escort】
192【一樓一鳳a prostitute in an apartment】
193【專業支配professional dominatrix】
194【專業臣服professional submissive】
195【性愛電話工作者 phone sex worker】
196【A片 adult video】
197【A片明星porn star】
198【自己拍gonzo／hamedori】
199【H／Hentai】
200【性教育sex education】

【後（戲）語】172

【附錄性術語】174

【香港歡場篇】
【棒球篇】

【索引】176

序一
性是一種人權，性名詞200。

許佑生

1.

在今日的台灣，顏色突然變得非常敏感，從前，藍綠橘黃紫棕都不過是一種色彩，但眼前已變成政治的代號，甚至是雙方人馬遊街時打架的「認人標誌」。灰色地帶在台灣愈來愈沒有行情，那表示你沒政治立場，甚至沒有理想。

在台灣，你可以沒臉孔，但不能沒有偏愛的顏色。大家根本不管誰是誰，只在乎「喂，你是哪種顏色的？」

講究顏色的台灣，並非突然變得有美學修養起來了，你我心知肚明，顏色使這個島嶼的人眼中愈來愈容不下異己。可是，文字語言的敏感度，又比顏色高出許多。它們訴求得更直接，也更清楚。在人類歷史上，我們看過文字掀起的戰爭，也看過語言帶來的和平。顏色，跟它們一比，只是小巫見大巫。

語言與文字，是文化的產品之一，我們每天都活在文字與語言中，卻鮮少去思索它們如何操控我們的所有行為，幾乎到了可以劃上等號關係的地步。譬如，文字組合出來的東西，叫作標籤，一旦貼在你的身上，你便「等於」那個標籤所代表的意義，而且經常牢牢地黏著你一輩子，沒有撕下的可能。

我們生活在其中的世界，往往與實際的這個物質世界無關。著名語言學家Whorf, B.L.認為，人類的真實世界是存在於他的語言所架構的世界中。他舉一支印地安族 Hopi的語言為例，在Hopi族的語言中沒有物質、沒有單複數、沒有時態（現在、過去、未來），也沒有性別之分。為何如此呢？因為這便是他們的人生觀及哲學觀，認為一切都不予分別，有萬物平等之意。在人們的想法中，任何關乎性的文字與語言尤其如此，必須切割得十分清楚，你是什麼戀，就是什麼戀！沒有「好像似乎彷彿」！

陳梅毛的《性愛200擊》可不跟你玩這種「整捆批發」的遊戲，當他把每一種人類的戀，耙梳得如此細膩，我們會驚恐地發現，「天哪，我好像都有點這種傾向嘛」！
陳梅毛逐一整理歷來有關於性愛的名詞，應該只是一本精準的慾望辭典，但事實不然，看在一些人眼中，這本書彷若在「逼你表態」！閱讀完這本書之後，誰還敢拍著胸脯說，我沒有這個戀，我沒有那個癖！以性學的角度看，一個人在天生自然的情況下，都

2.

因此，毫不意外地，何春蕤教授以「動物戀」（陳梅毛也不放過的一個重要術語）出招，會在台灣社會炸出了一片烽火。而且，就像美軍在伊拉克投下的鑽地炸彈，她這回不僅炸出表面的火光，也炸穿了我們社會對於情色態度的那塊莫立的地基。

在陳梅毛的《性愛200擊》，動物戀不但不那麼恐怖，好像還頗有點意思。當然他也深悉動物戀，對一般人來說，實在很刺耳，也不堪想像。

但是，動物戀確實早就在人類史上存在，甚至發展成一套文化脈絡，也一直是性學領域的研究主題之一。例如，最著名的便是希臘神話裡的天神宙斯，化身為一隻天鵝，引誘凡間美女。這則軼事後來成為歷代無數藝術家的創作素材，美女與天鵝交頸的畫作，多得不勝枚舉。

現代，金賽博士所進行的大規模性行為調查，其中也大刺刺規劃出了一個「與動物接觸」（animal contacts）的項目。在他的調查數據中，有8%的男性、3%的女性表示曾與動物有過性接觸。這樣的數據，大眾後來也能以平常心看待。

在性學界流傳一段有名的趣事，與金賽合作的另一位著名性學家Wardell Pomeroy，有次在作個人性史訪查時，聽見一名希臘人提及買春，而他把「娼妓」（whores）聽成了「馬匹」（horse），於是不疾不徐地跳翻到以「Z」字起頭（Zoophilia，動物戀）的最末一頁，說：「喔，那你是幾歲起開始跟動物有性行為？」那希臘人當場目瞪口呆說：「怎麼？你這麼快就瞧出我有這種行徑了？」這則歪打正著的故事顯示了動物戀在人類性行為中雖不普遍，但始終存在的事實。

何教授在辯駁婦女團體的譴責時指出，動物戀古已有之，不足為奇，誠然如此。站在性學專業的立場，我十分理解他把這項性行為納入研究體系的用意。就像研究醫學時，不得不把血淋淋、令人反胃的開刀畫面當作教材一樣。

在研究性學的原則中，有一項重要的訓練，是「去性化」（desensulize），也就是藉著大量的資訊輸入，如圖片與文字的觀覽，來去除研究者對於某些「社會大眾普遍反感」的性行為可能產生的情緒干擾。譬如，在我的受訓過程中，就必須觀看許多奇形怪狀的性行為影片，當時教授還說愈是撞擊到你的痛癢處（push your bottom），愈要勉強自己用力去看。唯有摒除個人的主觀好惡，才能表現專業的中立態度。

同樣是學術研究的角度，我相信全球的性學界都會同意何教授把「動物戀」毫不避諱地

同樣是學術研究的角度，我相信全球的性學界都會同意何教授把「動物戀」毫不避諱地置入性別相關教育的網頁（當然，是不是非要把赤裸裸的圖片也隨著文字的解析一併公開在網頁，而不是私下在課堂上發放給學生，也許會有些爭議。）

但這團交火的背後，令人深思的倒不是事件本身，而是顯露了我們社會是否存在著一個霸權的「情慾地基」，亦即我們是否都犯了無條件地擁護「我類性行為」，而對「異類性行為」就不分青紅皂白殺紅了眼的症狀？真正的性權概念，反而在這種「異我」的拉鋸消長中，失去了真相。

女權主義學者史卓森（Nadine Strossen）在其著作《捍衛色情》中明白點出了近代這場「情色Vs.色情」大戰的癥結，她說人們在處理這個分際時，說穿了都抱著「讓我感到興奮的就是情色（erotic）」，而「讓你感到興奮的就是色情（pornography）」，對於「我類情慾」與「異類情慾」的區隔，實在一針見血。

一九八七年，學者肯迪克（Walter Kendrick）透過著作《秘密博物館：色情與現代文明》，發表他的研究報告，指陳在多數社會中，一個具有更大勢力的團體，通常都會以符不符合自己的價值觀為標準，來斷然決定其他弱勢團體的情慾趨勢，是一種色情。言下之意，色情之爭其實充滿了權力的對決，而往往不是真理的爭辯。

「性是一種人權」的觀念，近來慢慢被彰顯了。這點我的體會尤深，因為在研修博士的課堂上，我親眼看見一位殘障朋友淒苦地訴說自己如何寂寞，沒有溫暖，沒有慾望的滿足，幾乎走上自殺一途，直到後來經由買春，才找到了發洩與暫時愛撫的休憩。他當時說到此處，臉上浮現的寬慰笑容令我記憶深刻。

當我們在討論色情行業時，操弄存廢大權的諸公不都是那些有幸成家的人？但別忘了社會上還有一些在性資源上處於弱勢的人群，例如，殘障、鰥寡、無力成家的單身漢、抱持獨身信念者，難道就只有眼巴巴看著自己的性權力被閹割的份？

由此觀之，陳梅毛的《性愛200擊》不是僅要給你性的知識，還要挑戰閣下對性的尺度。當五花八門的性行為在你面前一頁頁翻過，你是感覺在逛百花迸放的花園，放鬆欣賞；還是感覺走入了情慾倒錯的迷宮，一時找不到出路，被嚇得不知所措呢？

都什麼年代了，不要再管什麼顏色。如果真要在乎，那倒不如問對方：「喂，你穿哪種顏色的內褲？」

（本文作者為性學研究博士）

序二
另一種「世故」的困難：關於《性愛200擊》

顏忠賢

困難(壹)

我老覺得「性」和世故有關。
但當然「性」和更多困難有關：和秘密有關、和揭露有關、和找尋有關、和逃走有關、和背叛有關、和敵意有關、和有意無意的「愛情」的滲入有關，但和深入「肉體」的困難卻不一定有關。

困難(貳)

有一家台中很大的三溫暖，開在我以前念的初中教會學校附近。當兵的時候去已經是十多年後了，但由於可以較便宜地落腳，所以還是不錯的選擇。更奇怪的是，我發現它最大的通鋪睡覺的地方，正是以前念書時學校附近三家放「愛雲芬」之類的三級片小電影院的樓層。
因此，每回我在很晚的時間很累地倒頭睡進一群陌生人之中，在那麼大那麼空曠的地方，看到前方三個銀幕放著不同的美國的、日本的、台灣的色情電影時，就更睡不著，因為有些低沉地不同片子的混合呻吟聲，仔細聽，也還有些蚊子的聲音、有些打呼的聲音，但，也有些其它的更裡頭的什麼…困擾著我。
是和「性」有關的什麼……但並不只是「性慾」。

困難(參)

我的性慾是和某些世故的人有關的，像谷崎潤一郎、貝托路奇、村上春樹、阿莫多瓦、大衛林區、王家衛、D.H.勞倫斯、白先勇、亨利米勒、薩德……
但或許也和這些人都沒有關，世故的他們並沒有讓我或教我「勃起」，而只是讓我會常常想到「勃起」更裡頭的到底是什麼？
那並不是一件很自然的事，也不是一件很容易的事。
和「健康教育」和「花花公子或閣樓雜誌」和「小本的」、「脫衣秀」、「牛肉場」、「色情片」、「A書、A光碟、A網站」比起來….

只是和「性」有關的什麼，始終困擾著我，也困擾著我們每一個人；用各種自然或不自然的方式，但通常都很不容易的，而且往往愈想討論清楚就愈困難。

困難(肆)

我之所以總覺得討論「性」、或相關性慾、性癖好、性的什麼....是困難的，是因為我們總是會遮掩或迴避或閃躲的，如同在每個不同的封閉保守的地方與時代用不同的封閉保守方式來打量「性」。其實，或許人們也沒有討論到「性」而只是討論到更多對「性」的可笑打量中的遮掩或迴避或閃躲。

困難(伍)

因為，對我而言，淫蕩、敗德、變態、色情狂.......所延伸出來的SM俱樂部式的瘋狂和處女、在室、純潔、守貞操......所延伸出來的貞節牌坊式的瘋狂是同樣地困難。

困難(陸)

有一些則進入更學術性的「性別的認同與差異」「快感的壓抑與控制」「同性或異性或雙性戀的自覺」如何覺醒......的更用力地辨識和「性」有關的什麼......
但，那將是另一種困難......
我有一段時日認真想弄清楚而念了很久很多，卻覺得還有更久更多背後的東西是更和荷爾蒙有關或無關的更麻煩的......什麼。

困難(柒)

但那是我們這個島嶼這個時代，一如諸多較封閉較保守的地方與時代所較難深入更「世故」的關於「性」的困難。

困難(捌)

但我始終記得某些較「深入」的所看過的關於性的較「世故」的困難。

一如Tom Ford在某一季Gucci的服裝雜誌的廣告跨頁裡，讓有一個小男生跪著拉下一半那斜倚在牆邊的女人的內褲，那私處所露出的地方被理成一個「G」的GUCCI的LOGO形狀的陰毛出現在頁面上最顯眼的地方……那種過於時髦華麗的「世故」的困難。

困難(玖)

一如作品被藝評家稱為「媚俗的紀念碑」的當代藝術家Jeff Koons。 有一年他做了一個展覽，正是展出他和他那知名的義大利脫星國會議員小白菜太太的很多張很大型全裸做愛照片，這些非常沙龍非常專業的色情的攝影作品，使那年所有全世界的藝術雜誌都在火熱地討論：從政治、美學、影像、媒體、後現代……一直討論到他那陰莖如何能在拍的過程始終勃起……那種飽受爭議的「世故」的困難。

困難(拾)

我因此也想起前面提及自己在那小電影院的樓層改建成的三溫暖大通鋪睡的地方的經歷了我二十年舊時光封閉而溶解了的困擾，那裡低沉的聲音混合了和我的青春的秘密和揭露和找尋和逃走和背叛和敵意有關的種種「性」的滲入與深入，無關時髦華麗無關政治、美學、影像、媒體、後現代……那種飽受爭議的「世故」的困難。卻仍然以和「性」和「肉體」的另一種「世故」的困難繼續困擾著我。

困難(拾壹)

這本書也是如此提供了更另一種華麗而爭議的困難的現場：提供一種百科全書式的熱情，一種字典的用心，一種關鍵字的考究，更甚者是偷渡了作者一種更認真地對「性」打量的中肯的可能……
他的客觀與因而開發出來的討論「性」或相關「性類型」「性癖好」「性裝備」的種種華麗而爭議的冒險，使我所提及的關於「性」的困難變得更清晰、也更引人入勝地困難著……

(本文作者為實踐大學建築設計系副教授)

序三
性知識，多多益善

蘇士尹

在柯夢工作了近四年，也曾辦過座談會，無巧不巧，本書作者陳梅毛正是座上與會來賓。那次座談大家相談甚歡，交換了很多目前台灣社會男女性愛觀點的同異處，當時陳梅毛偶爾語出驚人，實在很難把他的藝術工作與大放厥詞的模樣置在同一個天平上，但回過頭想想，藝術本就是探索人性的課題，性愛也不過是諸多人性中的一環。

讀他的新作，老實說，200個性名詞看得頭昏眼花，從沒計較過性名詞倒底有多少，但又不禁想哪來那麼多名詞啊？然一一讀來，沒錯，還真的有呢！而且還不止這些，不得不佩服作者蒐集資料的精神，雖以英文名詞出發，但同時也網羅了不少東洋名詞，還帶入了中國古老詞彙。

行文風格，基調是客觀而理性的，對於各式性觀念、性遊戲通盤接受，不帶批判，偶爾語帶嘲諷，也全然無損於他全面開放的性觀點，反倒增添幾分閱讀趣味，好比他對「外遇」下的結語是：「最有經濟效益的一種性關係。」確實也是，它可是造就了全球的八卦文化，更是徵信社、婚姻律師賺錢的幕後功臣。

又說：「愛撫功夫不好，性行為就容易落入一種無聊而反覆的抽插運動。」非常符合我所認識的陳梅毛，他一向認為愛撫是性愛過程中最重要的一環，行文裡不免吹一下這個名詞的好處，順便數落了那些懶得愛撫的男性同胞們，老實說，光憑這一點，身為女性的我，為了女性同胞性愛品質的提昇。十分樂意與願意推薦此書。

提到「黃金雨golden showers」，作者不忘幽默提醒大家：「喝到夥伴的尿帶甜味的話，記得叫他去檢查有沒有糖尿病。」而他這說法令我回想婦產科醫生鄭丞傑提到的一個真實案例：一名年輕男子買春，炒完飯後，那名女子好心的提醒他去看一下泌尿科醫生，根據她多年的經驗，她覺得他的睪丸大小不一，可能生病了，沒想到這位閱「人」無數的姊姊還真的說對了，讓他發現早期癌症，救了他一命。

成長於同一年代，想必陳毛梅也經歷與我相同的性教育——那個大家都不敢公開討論健康教育第十四章的年代。歷經成長與省思，我們都覺得，性知識不能禁，它並不是見不得光的事，為什麼不能談，愈禁只會讓年輕人從不當的地方吸收到錯誤的認知，而且唯有公開討論，人們才能培養出正向的性觀念。

去年觀看金賽博士傳記電影《金賽性學教室》時，完全可以想見1948 年金賽博士《人類男性的性行為》提出「外遇仍是人類的天性」、「每個人都有或多或少的同志傾向」結論時，無異對當時社會投下巨彈，揭開在衛道人士建構下的性愛烏托邦，更不可思議的是，很難想像在那個年代的美國社會，性觀念竟是如此不可思議的保守，非但沒有正確的性觀念，對於性知識居然停留在「親吻就會懷孕」的保守裡，連金賽博士大學學生亦然。

從歷史看今天，步入二十一世紀的我們，性愛觀念真的完全開放了嗎？其實從媒體的反應可知一二，至今我們仍無法像金賽博士那麼坦然的說：「外遇仍是人類的天性。」碰到劈腿、外遇非但局中人吵得不可開交，若你是公眾人物，還加上媒體與大眾的批剔和批判。一如法國人看美國前總統柯林頓與魯汶斯基一案，他們覺得那是人家的私事，有什麼好討論的，就像他們最愛的密特朗總統也養了情婦，那又有什麼了不起？

相信，只要你是其中的一員，感情的涉入，當然不願見到有這樣的狀況發生，只是面對性事，你能否用更客觀、開放的態度去面對，揭開傳統禮教放在你身上的困縛，選擇什麼樣的性伴侶是你的自由、選擇怎樣的性愛模式可以有你個人偏好，但唯有誠實面對自己的身體、坦然面對性愛歡愉，才能真正享受性愛與高潮。

現在科技已然發展到連性潤滑液（lubricant）都有發熱、冰涼不同的效果，你所熟知的冰火五重天、九重天，已無須費勁的冰水熱水交替，買來不同的潤滑液就可以輕鬆擁有。是不是對於性愛知識，這個人類古早的人體器官科學，多一點知識。

(本文作者為影評人、文字工作者)

前【戲】言

性文化是人類生活文明中很重要的一部份，沒有性，就沒有生命（性命性命，先性後命），沒有性，也不會有完整的愛情。然而令人遺憾的是，若是和烹飪文化相比，我們社會中還有很多人對性的認識停留在吃生肉的原始人階段。壓抑自己對性的求知慾，停留在模糊無知的階段。

這本書，首先從幾個重要的性觀念（+**5**個名詞）出發，然後進入性傾向（+**14**個），性關係（+**7**個），性實踐 +（**44**個），性快感（**9**個），性幻想（15個），性嗜好（**36**個），性用品（36個），性產業（+**17**個）各個領域，全面的解釋關於「性」的=**200**個名詞，也附錄了一些性術語，增加趣味。

充實性知識，理解性文明，是對生命起源的「性」，最基本的尊重。那麼這本書，將是入門的最佳選擇。

性觀念

001

【性學sexology】：

性學／是關於人類性表象的系統研究／它的範疇涵蓋了性的所有面向

性學是一門跨學科領域，它使用了來自不同領域的研究方式，包括生物學、醫學、心理學、統計學、流行病學、社會學以及有時候會使用犯罪學來研究性學的議題。性學研究人類的性成長、性關係的發展、性交的機制以及性功能障礙等。它也會研究特別群體中的性，比如身心障礙者、兒童和老人的性。它也研究性病理學，也涉足公眾議題，比如關於墮胎、公共健康、生育控制和生殖科技的討論。

不過雖然性交是一個這麼普遍的行為，但是性學的研究風氣在台灣卻不太盛行，甚至連最基礎的性教育都不夠完善，顯見台灣在性方面的心態不夠健康。

- -

002

【性多元 sexual plurality】：

是台灣性／別解放運動發展出來／用以取代性少數或性偏差的概念

性多元包含的範圍很大，舉凡同性戀、性虐待、變裝癖……各種性傾向與性嗜好，都包含在性多元的範疇之內。以往性多元常被歸類為「性偏差」或「性變態」，但隨著社會既定性規範的改變，例如過去手淫、口交、肛交都被視為變態，今日則多被視為正常。所以性多元運動者希望讓更多性嗜好除病化（意即不再被視為一種疾病），讓性從各種偏見與意識型態、權力結構中獲得真正的解放，以達到真正的多元並存與互相尊重。

003

【性解放emancipation of sexuality】：

把性從一些固有禁忌與價值觀中予以脫離的思考與實踐／也可稱為性自主或性革命

性解放，最初是反對性別歧視，爭取婦女與男子享有平等社會地位和政治經濟權利的女權運動，後來逐漸演變為對宗教性道德的否定，認為性交是人人應有、與生俱來的權利，性行為是個人私事，只要雙方自願就可以發生性關係。性行為不應受與婚姻有關的道德和法律限制，性愛應該和情愛分離，和婚姻分離，不應該有針對女性的童貞觀念，婚前和婚外性行為，試婚和同居也都應該被社會接受。（時至今日，很多觀念已被廣為接受，例如同居與婚前性行為）

另外，醫學的進步，也相當程度幫助了性解放運動的進展，例如青黴素的發明可以有效醫治以往人們束手無策的梅毒和淋病，激素類避孕藥的出現，避孕套品質的提高，都減輕了人們對性行為引起性病和懷孕的顧慮。

不過，更準確的說，性解放跟性開放並不能混為一談，在這個時代有些人自認為「行為開放，思想保守」就是一個很典型的現象，性行為開放，往往只是一種「缺乏反省的性實踐」，因為他們通常還是預設了傳統愛情、婚姻、異性戀制度的架構，也就是說，所謂的性開放，常常只談性享受，但不談改變兩性的不平等，也不想正當化同性戀等等其他性嗜好者的地位，這樣性是不可能得到真正的解放。

004

【一杯水主義glass of water theory】：

蘇聯一些馬克思主義者的性解放運動／所謂的一杯水主義／意思就是說
／做愛／應該跟喝一杯水一樣簡單

1917年俄國10月革命後不久，曾經流行過一杯水主義。 蘇聯女作家、政治活動家柯
倫泰（Alexandra Kollontai 1872~1952）在二十世紀的二三十年代，曾經是蘇聯性
文學的代表，她的作品以表現性解放為主題，對性關係持自由觀點，也是一杯水主
義的宣導者，因而在蘇聯受到正統批評界的攻擊。1927年以後，她的小說便在蘇聯
成為禁書，主要是當時蘇聯共產黨的領導人列寧，曾公開的批判一杯水主義，蘇聯
的性風氣因而重新回歸保守。

005

【性騷擾sexual harassment】：

性騷擾是以性慾為出發點的騷擾／典型的性騷擾是以性暗示的言語或動作讓對
方有不悅的感覺

雖然性騷擾通常以工作環境中共事者，男對女的行為偏多，但是不管是誰，地方在
哪裡，只要行為讓人感到不悅並且被認定存有性方面的暗示，都算是性騷擾。性騷
擾這個名詞的確定對於進步的性自主權觀念有很大的意義，表示人們不必因為工
作職位高下、或任何其他條件而影響到自己對性伴侶的選擇權，意味著每個人都有
自主平等的性權利。

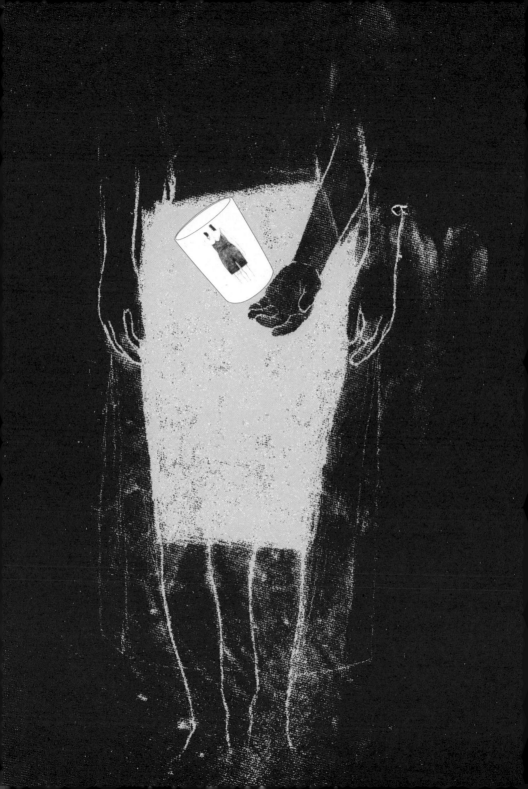

性傾向

4

向 sexual
orientation

006

【性傾向sexual orientation】：

性傾向是用來說明一個人性渴望和性行為的對象／是什麼性別的一種說法

例如，A的性傾向是異性戀，B的性傾向是同性戀，而C的性傾向是雙性戀。目前對於一個人的性傾向根源，存在著不同的說法跟理論。但最主要的兩種說法，就是本質論（認為性傾向的形成是先天的）跟建構論（認為性傾向的形成是後天的），建構論認為把一個女生從小當男孩子養，就容易使這個女生偏向男性化，從而喜歡女性。但是這點無法解釋，為何被正常當作男孩子或女孩子養大的同性戀者的形成原因。

對大部份人來說，性傾向是在一個人的早期（通常在青少年時期，還沒有性經驗前）就已經成形。而最近的研究也有相當的證據表明基因和天生的荷爾蒙，對性傾向的形成佔了很大的決定因素。而且人類通常沒辦法選擇自己成為同性戀或異性戀者，也就是說，性傾向不是一個用意識可以改變的選擇。

有些人反對學校教導同性戀相關課程，是因為擔心孩子接觸這些知識，會改變性傾向成為同性戀者，這種擔憂可說是多餘的，因為當我們的學校一直都只教導異性戀價值觀的時候，也沒有使同性戀者的性傾向發生變化。所以，性傾向可以說都是人類基因的一部份，就跟膚色、髮色這些差異一樣，都是「生來如此」的結果，所以最不該歧視其他性傾向者的人就是他們的父母，因為基因是他們提供的，又不是孩子自己選的。

007

【異性戀heterosexual】：

異性戀即是說一個人性渴望和性行為的對象是異性／也就是男性愛女性／女性愛男性的性傾向者

異性戀是性傾向人數最多的族群，不過異性戀者偶而會有一些同性之間的性行為，例如，在一般提供給異性戀者觀看的A片，常見的一男兩女3P性交中，常常可以看到兩個女演員互相的親吻、愛撫與口交場面。而在一些沒有女性的特殊環境中，也會產生一些境遇性的同性性行為，最著名的就是監獄，但是同性性行為，並不等同於同性戀，因為同性性行為、同性性吸引和同性戀自我認同並不一定是一致的。例如，在監獄中參與

同性性行為的人，在回到外面環境及自我認同上通常還是異性戀者。

古代著名的斯巴達軍隊也鼓勵士兵間的同性性行為，這些男性士兵通常也是有妻子有孩子的異性戀者，但斯巴達人認為這種境遇性的同性性行為，可以讓士兵在戰鬥中團結一致，並且作戰時會更勇敢。

008

【同性戀homosexual】：
具有同性戀性傾向的人基本上只對與自己性別相同的人產生性慾或愛慕

「同性戀」一詞最早出現在匈牙利作家Karl Maria Kertbeny的一篇文章中。19世紀末，普魯士帝國頒佈新憲法，規定從事男性同性性行為者，須判一到四年的監禁。Karl Maria Kertbeny撰文抨擊並抵制該法令，並首次創出單詞「homosexuality」，用來取代當時帶有貶抑色彩的「雞姦者（pederast）」一詞。

但是隨著心理科學的發展，homosexual開始成為對醫學上一種精神疾病的稱呼，仍然被染上了貶抑的色彩。在美國精神病學協會於1973年將homosexual從精神疾病列表裡刪除之前，homosexual一直被同性戀者認為是一個帶有污穢性質的辭彙。因此，西方同性戀者很少使用homosexual這個詞來稱呼自己，以及同性間的性行為。後來，gay這個名詞開始流行，並受到同性戀者的認同，漸漸發展成為稱呼男同性戀者的主要稱呼。

根據華盛頓州安全學校聯盟（The Safe Schools Coalition of Washington）的《給學校職員的專業辭典》上所說：「避免homosexual這個名詞的使用；它太臨床醫學、遙遠與古老........homosexual被認為是一種貶低，而gay以及lesbian才是較好的名詞........。」從上面這個辭典的解釋可以看出，homosexual這個詞是屬於比較政治不正確（politically incorrect）的詞彙，應該避免使用。

009

【男同性戀gay】：
gay是指男性的同性戀者

gay本意是指「感覺快樂的」,「使人高興的」。19世紀人們把游手好閒的花花公子稱為gay,而妓女則稱為gay women。20世紀初,美國的部分同性戀開始用gay這個詞作為自己的標籤,以區別於在病理上被使用的辭彙homosexual。到20世紀60、70年代,美國同性戀族群強烈要求媒體在報導和播放同性戀新聞時用gay取代homosexual,這個「正名運動」也是一個漫長的過程,直到1989年,美國主流媒體之一的紐約時報,才最後接受gay這個詞用來指稱同性戀。

在中國古代,並沒有同性戀這種稱呼,而是使用很隱諱的表達,例如「斷袖」、「龍陽」和「余桃」。斷袖是相傳漢哀帝與董賢共寢,董賢壓住了皇帝的袖子,皇帝不忍驚醒他,於是斷袖而起。至於春秋戰國的龍陽君為魏王拂枕席,彌子瑕與衛靈公分桃而食,也是流傳甚廣的古代同性愛典故,所以「龍陽」、「余桃」、「斷袖」就成為古代中國人暗指同性戀的詞彙。

而在現代中文口語上,在台灣gay這個英文字並沒有準確的中文翻譯,台灣常常使用「同志」來稱呼同性戀者,也普遍地使用gay這個英文詞彙。

廣東人則用與gay發音相近的粵語「基」來指稱同性戀,舒琪導演,林子祥、陳小春主演的香港電影「基佬四十」,翻成台灣口語就是「同志四十」。但是基佬這個詞通常帶有一些貶損意味(同樣有貶損意味的詞彙還有「玻璃」),使用上還是盡量避免比較好。

而隨著網路和同性戀酒吧的出現,更多的詞彙在同性戀者內部出現。這些詞彙通常非同性戀者是不熟知的。例如,在台灣,MOTSS就常使用於BBS網路上。

010
【同性成員MOTS】：
MOTSS為「同性成員」（Member Of The Same Sex）的縮寫／這是一個泛稱男／女同性戀者的中性名詞

最早應為美國同性戀社群使用這個字，時間約在1983年左右。之後進入台灣及中國等地。相較於「Gay」或「Lesbian」專指男同性戀及女同性戀者，「Motss」顯得較為中性，也無貶抑的意味，所以流行於同性戀族群之間使用。

台灣最早的「MOTSS」版設於國立中央大學資管龍貓BBS站臺，成立於1994年4月。新一代年青人對性別觀念較開放，目前台灣高中及大學BBS站臺上設有「MOTSS」版的情況十分普遍，以期讓同性戀學生有交流並認識的空間。

其他稱呼同性戀的詞語，例如，現在興起稱呼性少數社區的名詞queer，本來也是具有貶損意味的詞語，但是隨著性少數社區內部的使用，這個名詞也開始受到性少數社區的認同。

另外，作為相對應的詞彙是MOTOS「不同性成員」（Member Of The Opposite Sex）。

011
【酷兒queer】：
酷兒用來統稱人群中性傾向或性別認同的少數人士／諸如同性戀／雙性戀和變性者等等

酷兒，來自英語queer，其本意指古怪的，與通常不同的。20世紀這個詞成為另一個對同性戀帶有貶損意味的代名詞。儘管很多人是在反同性戀的立場上使用酷兒這個詞，但20世紀80年代，在同性戀內部，這個詞開始被廣泛的使用。它是指那些對性愛表達方式所持立場與傳統標準不同的人，而這個人不一定是同性戀。許多同性戀、變性者、

雙性戀、甚至性愛方式與傳統一夫一妻異性婚姻有所不同的異性戀者都接受了酷兒這個稱呼。

在學術圈裡，酷兒是與酷兒理論的研究方法和認知方式聯繫在一起的。而酷兒研究現在是很多大學的一個學科項目。帶有文藝和文化批判色彩的酷兒理論出現在20世紀80年代中期，並從法國哲學家雅克·德希達（Jacques Derrida）與米歇爾·傅柯（Michel Foucault）那裡得到重要的理論支撐。

酷兒理論的主張比20世紀70年代同志解放運動（gay Liberation）的主張更進一步，它拒絕被主流社會同化。同志解放運動在歐洲和美國，為性少數族群應有的生存空間而戰，而酷兒理論則主張更多權利。它的目標是從根本上動搖性別（sexuality），以及異性戀、同性戀這些傳統概念，簡單說，就是酷兒們不認為傳統的性與非傳統的性有什麼不同，他們試圖重新界定什麼是「正常」，什麼是「性別」，什麼是「性」，從基礎上，重新界定身份或性別，而不接受社會的主流價值與區分。

儘管酷兒理論是在純學術研究的基礎上被提出的，但它迅速與性的少數族群運動結合到一起。作為一種對酷兒理論的回應，舊金山將「同志光榮遊行」（gay pride parade）重新命名為「gay/lesbian/bisexual/transgender (GLBT) parade」。

012
【GLBT】：
或LGBT／是用來指稱女同性戀者(Lesbians)／男同性戀者(Gays)／雙性戀者(Bisexuals)與跨性別者(Transgender)的一個集合用語／一般認為它比「酷兒」或「lesbigay」擁有更少的爭議

這個英文縮寫的詞彙有很多變化存在，如果沒有包含跨性別者時候，它就變成LGB。它也可能加入兩個Q來代表酷兒（queer）與異議者（questioning），變成LGBTQ或LGBTQQ；加入一個I來代表雙性者（intersexual），變成LGBTI；加入另一個T來代表變性者（transexual），變成LGBTT；加入一個A來代表支持同性戀的異性戀盟友（straight allies），變成LGBTA。如果以上全部都包含進去的話，就變成LGBTTIQQA

，不過這種用法極為少見。同（性戀）直（異性戀）聯盟（Gay-Straight Alliance）組織常常使用LGBTQA來取代LGBT，最後兩個字母代表了異議者與異性戀盟友。

到2004年，LGBT已經變成一種非常主流的用法，以致於它得到多數女同性戀、男同性戀、雙性戀、跨性別社群以及大部分英語國家裡同性戀刊物的採用。

從這個詞彙的來源看來，LGBT可以說是跟什麼族群結盟就加什麼字母的一個充滿運動策略的字眼。

013
【直同志straight】：
直同志的直是從英文straight（直）這個表示異性戀的名詞而來／所以直同志的意思就是／對同志（同性戀者）友善的異性戀者

在英國常用bent（彎曲的）作為同志的代稱，於是straight便相對用來指異性戀。 直同志就是指認同同志、對同志友善、對刻板性別角色、意識有所反省的異性戀者。

近年在美國開播(台灣在21台travel & living 旅遊生活頻道)的「酷男的異想世界」（Queer Eye for Straight Guy），是電視史上第一個最受歡迎的同志與直男節目。五個擅長造型、美食、時尚、室內設計與藝文的同志菁英，協助改造邋遢沒品味的直男。這個節目將同志與有品味畫上等號；而異性戀男人則等同於品味糟糕。雖然有些刻板化，但也表現出同志跟直男之間差異的趣味。

014
【女同性戀lesbian】：
lesbian是指女性的同性戀者。

lesbian源於古希臘的一個小島的名稱Lesbos。這個小島位於愛琴海、土耳其西北沿

岸附近。公元前7世紀，Lesbos島以其抒情詩人而聞名，在這些詩人中，最著名的是女詩人Sappho（莎芙），有些她的詩是描述關於女人之間的愛情。至於莎芙本人是不是一名女同性戀者，或者她只是一個描述女同性戀的詩人，我們不得而知，但因為這樣的關係，莎芙主義（Sapphism）便成為了女同性戀的另一個稱呼。而Lesbian本意指居住在該島的人，但19世紀末，醫學界開始用lesbian來指跟莎芙有同樣性傾向的女性，後來就被廣泛使用。

在台灣則常使用與lesbian發音相近的「拉子」、「拉拉」、「蕾絲邊」或女同志來稱呼女同性戀者，拉子最早出現在作家邱妙津的女同志小說《鱷魚手記》一書，於1990年代開始普遍成為女同性戀社群內部用來指稱自己的術語。

在女同志族群中，「T」指特質傾向陽剛、或外表喜歡作男性化、中性化的裝扮者，T這個稱呼一般認為是來自英文的Tomboy。而「婆」則指裝扮、行為、氣質女性化的女同志，婆這個詞是相對於T而來的，意思就是T的老婆。但目前有愈來愈多人認為自己既非T也非婆（不想接受刻板的性別形象）。T、婆相當於英文中的 butch 與 femme。

015
【雙性戀bisexual】：
雙性戀是指對兩種性別都會產生愛慕或性衝動的性傾向／具有這種性傾向者稱為雙性戀

首先，雙性戀指得是慾望與自我認同，並不一定是指行為。發生過同性性行為的異性戀者，並不會認為自己就是同性戀或雙性戀者，同樣的，同性戀者若偶而發生異性性行為，也不會認為自己就是雙性戀者。雙性戀通常是「常態性」的對兩種性別都保有興趣。

根據金賽博士所做的兩份具有爭議性的研究《男性性行為》（1948年）和《女性性行為》（1953年），多數人在某種程度上是雙性戀的，也就是說，很多人對兩性都有好感。根據金賽的報告，只有少數人（5%-10%）可以認為是完全的同性戀和異性戀，因為他們幾乎永遠只對一個性別感興趣，而大多數人會程度上不同的受到兩種性別的吸引。也就是說雙性戀是大多數人的性傾向，只是兩性的吸引強弱有所不同，所以人們通

常偏向強的一方，若是兩方吸引力都一致強烈才能定義為雙性戀的話，事實上只有很少人（少於5%-10%）可以稱做完全的雙性戀。

016

【跨性別transgender】：
這個字是個集合名詞／trans字首表示「變化、轉移」／gender是性別／所以 transgender涉及到各種與性別認同有關的個體與行為。

那些在出生時生理上是男性或女性，但是卻在心理上對其出生性別感到無法認同的人，都屬於跨性別者。

跨性別者不一定會進行變性手術，而有一些通過手術改變自己性別的人，也就是所謂的變性者（transsexual），例如，韓國明星何莉秀，就是一個很有名的變性者。

跨性別包括許多不同的次分類，譬如變性（transsexual）、變裝（cross-dresser）、扮裝（transvestites）、扮裝國王（drag kings）與扮裝皇后（drag queen）。通常異裝癖（transvestic fetishist）不包含在這裡，因為這不是一個性別議題（gender issue），他們並不是對自己的性別不認同，而僅僅是喜好穿上不同性別的服裝而已。

017

【無性戀asexual】：
無性戀簡單來說就是「對做愛，沒興趣。」

從1990年代起，無性關係的社會現象就在大眾媒體被反覆討論，在日本已經成為眾所周知的現代詞彙，像是「無性時代」、「無性婚姻」、「無性同居」等等。2005年6月9日的紐約時報更進一步報導了這個趨勢，他們的標題說：「無性戀者，持續增加中……」，比以往無性現象的討論更加開宗明義，點出了無性戀者的存在。

21世紀初美國青年David Jay在舊金山創立了無性戀宣傳教育網路社群AVEN（

Asexual Visibility and Education Network），讓大家在網路上分享無性的經驗，可以說是近來無性戀者明顯建構自己族群的公開行動。

無性戀者並不是身體有病（冷感、陽痿、性無能），不是性別認同有問題，或性傾向不明確，也不排斥親密關係或精神戀愛，他們就是對生理上的做愛這件事情沒有興趣。

+--+

018
【出櫃come out】：
向大眾公開自己性傾向的意思

Closet 原意是指衣櫃，常被引申為「不可告人的」。同性戀者若不願意向大家公開同性戀的身份，他們的愛人通常也不能公開，所以會被稱為closet lover，就是秘密愛人，也就是把自己的性傾向放在衣櫃裡不願公開。

Come out就是「出櫃」，也就是從closet裏come out，也就是向大家宣佈自己性傾向的意思。出櫃的數量會隨著社會對不同性傾向者寬容程度的提高而增加。

不出櫃的人，例如男同志，有些人甚至會跟女性結婚生子以掩飾自己的性傾向，英文的說法是：「He is straight-acting。」就是說他其實是同性戀，但是他的行為卻跟異性戀無異。

019
【恐同症homophobia】：
同性戀恐懼症是指對同性戀行為以及同性戀者的恐懼和憎恨

homophobia是1972年由心理學家George Weinberg在他的書《社會和健康的同性戀》中創立的新語。它可以分解為homosexual（同性戀）和phobia（恐懼）的混合詞。目前同性戀權利運動者常使用這個詞彙來描述對於同性戀的憎恨和恐懼。

研究報告指出，大多數的恐同者對於性別角色都有著非常刻板的思想，比如男性至上主義。他們不願意自己的性別角色遭到挑戰與顛覆，於是同性戀者的日益活躍造成他們的焦慮。

也有些分析心理學家認為恐同症是恐同者壓抑對自己的同性渴望的結果。他們有些研究顯示，恐同的異性戀者在觀看同性性行為的圖片時會顯示出性衝動的跡象，而對照組一非恐同異性戀者一則沒有這種現象。

所以恐同症者或許應該好好檢視自己的性別認同與性傾向，解開自己的心結，而非害怕或排斥別人。

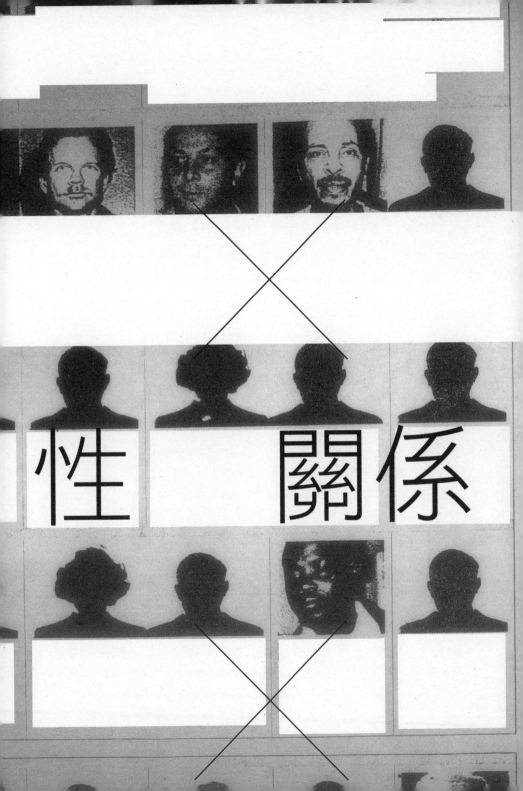

性 關係

020

【性伴侶sex mate】：
性伴侶是個集合名詞／統稱所有發生性關係的對象

性伴侶是個中性的名詞，沒有褒貶的意味。比如說醫生跟你說很不幸你得了性病，你最好通知一下性伴侶最好去檢查。這時候不管你的性伴侶有1個配偶加2個女朋友還有3個炮友，這都是你應該通知的對象，因為她們都是你的性伴侶。所以，性伴侶是個很中性的泛稱一切有性關係對象的詞彙。

而性伴侶的多樣化，可以從三種不同傾向的性目的來理解。首先性有生育的目的，所以通常是合法配偶作為這個目的的對象，若是合法配偶有生育上的困難，有些男人會用這個理由找小老婆，甚至離婚再娶。

第二是關係的目的，就是說以兩人的親密關係為前提，以性行為加強情感與關係的一種方式。通常男、女朋友就屬於這種情形。

第三是歡娛的目的，也就是為了身體的快樂，這種性伴侶通常拒絕感情的發展，以及關係的深化。一夜情跟炮友就屬於這種性伴侶。

基本上，無論是哪種目的的性伴侶，其實人們很少只有一種性伴侶的立場。例如，有一夜情跟炮友的性伴侶者，有些人是對婚姻跟愛情失望，才不敢輕易談戀愛，但這並不代表他們不想談戀愛或結婚生育。而在婚姻或固定情感關係中的人，則常會對身體歡愉的性伴侶抱有期待，俗語說「七年之癢」，就是這個意思。

所以，一個人數十年的性生活中，他／她可能會因為自己不同的遭遇與心態，身體慾望強度的不同，做出不同關係的性伴侶選擇，這是一個生命變化的過程，而不是一個不會改變的立場。所以別急著批評在性伴侶方面跟自己不同態度的人，以免日後自打嘴巴。

在人際關係愈來愈多元，性伴侶的各種名詞與內涵日新月異的現在（在20年前誰會想到有一夜情、週末情人、炮友、網戀、同居、援交..各種性伴侶關係的產生？）誰知道以後還會發明出多少新的性關係名詞？所以性伴侶作為一個中性而集合的名詞，也許不夠新潮，或許會是未來使用最久的名詞吧（同樣中性而貼切的詞彙，也可以用台語的：鬥陣せ）。

另外值得一提的是，性伴侶的合法地位近年來也逐漸受到先進國家的重視，例如，加拿大最新的移民法最後修訂內容，將家庭類移民加入了「性伴侶」一項，讓共同生活不滿一年的同居者符合要求。是對性伴侶合法權益很重要的一個里程碑。

021
【一夜情one-night stand】：
指沒有保持長久性關係意願的性行為

一夜情有幾個特徵，首先是考慮對方的外貌、身體等非社會性因素，也就是不需要考慮家族成員等等婚姻考慮的因素。再者是可以忽略戀愛關係時考慮的個性、嗜好、學識與修養，這些長期相處的重點。

因此，去除掉結婚與戀愛的必要考慮因素後，一夜情除了對方的外貌跟身材之外，當天兩人的互動愉不愉悅，氣氛high不high，做愛做得痛不痛快、盡不盡興，才是一夜情所考慮的重點，也就是說，一個能將一夜情經營的很成功的人，一定是個很能掌握對方喜好與臨場互動的情慾高手。那麼，如果碰到這樣一個情慾高手，怎麼捨得只用一晚呢？

一夜情的當事人可以分為已婚跟未婚兩種。已婚的比較簡單，在維持婚姻的前提下，一夜情是逢場做戲。在傳統社會標準下逢場做戲是屬於比較可以原諒的不忠項目，不過前提是嘴巴要擦乾淨，所以會擦嘴巴的人，自然不想維持長期的地下情人關係，以免東窗事發。

而單身未婚者因為孤獨或性慾的需求，又不願意或沒機緣踏入長期關係的話，當代夜生活消費場所的盛行，以及通訊方式的發達，使得人們認識對象的機會增加，卻也容易稍縱即逝，遂造成了一夜情發生環境的成熟。

而one-night stand這個字翻成「一夜情」，而非「一夜性」，其實反映了中國文化的泛道德色彩。以往基於傳統道德，對於性關係的說法是有很明顯褒貶意味的，老公、老婆

、男女朋友是合乎道德標準的性伴侶，而「姦夫淫婦」、「客兄」指的就是不道德的性伴侶，屬於貶義詞。

這種道德標準目前雖然似乎表面上不受注重，但刻意的美化，其實也是一種心虛，「一夜性」要說「一夜情」，「外遇」要說「婚外情」，帶上「情」這個字，其實反映出來的是，即使在從事單純的性活動時，人們也不願意承認自己「只要性不要情」。

- -

022
【炮友fuck buddy】：
不談戀愛／而保有長期性關係的對象

炮友就是「打炮的朋友」，不過中文用「友」這個字，跟英文的buddy是有些出入的，用在fuck buddy 的時候buddy的意思是同伴、夥伴，也就是「同好」的意思，比較沒有友情的基礎存在。所以炮友應該說是打炮的同伴比較貼切。

炮友這個名詞帶有貶抑的意味，因為人們既然不願意承認自己只要性不要愛，自然就很難把性跟愛清楚分開，所以炮友這個字，就被認為帶有「玩玩而已」、「不願意付出真感情」的意味。

其實性需求是無法逃避的渴望，比較穩定的性關係（相較於常常更換對象的一夜情）事實上是比較安全（safe sex）的作法。

所以沒有固定情感關係的時候，其實交往fuck buddy，能夠長期提供比較有品質而安全的性生活，倒不失為一種不錯的方式。

- -

023
【同居cohabitation】：
同居一般指異性或同性戀人居住在一起／存在比較穩定的性關係和情感關係

同居，原本是個中性的名詞，就是指同在一處居住，所以法律條文裡面夫妻訴請離婚也有一條「不履行同居義務」。不過現在一般人說到同居，大多是指沒有法律效力的實質婚姻。

目前同居者跟婚姻配偶之間的差異除了一張結婚證書之外，其實最主要是在法律面的保障。在財產分配方面，台灣的法律對同居者是沒什麼保障的，但是近年承認非婚同居伴侶的權利（也包括同性戀者的權利）已經是大多數西方社會的公眾議題。

例如，法國最近通過了一項法律，創立公民結合契約（PACS），給予異性和同性的非婚伴侶一個合法地位。而加拿大的法律，只要男女雙方同居六個月以上，便享有結婚一樣的法律權益。也就是說如果雙方分手，任何一方都有權要求平分財產，如房屋，汽車及銀行存款。

024
【分居separation】：
同居一般指夫妻分開居住／但近年來則有另一種「分開同居」的意義存在

一般夫妻分居，除了可能是婚姻破裂，訴請離婚之外，也有可能是兩地工作或因為移民而分開兩地居住的情況（例如，「內在美」意思是：我內人在美國）。而近年來非婚伴侶之間除了同居之外，產生了另外一種「分開同居」的模式。

現在全世界的白領階級都漸漸流行「分開同居」，日本女性雜誌《with》特集特別將此一現象做了詳細的介紹。該雜誌對分開同居的定義是：一對情侶保持固定的性關係和親密的情感關係，但卻不住在一起。

目前大約有35%的英國人選擇這種同居方式，在法國巴黎則有6%的成年人選擇這種生活方式，德國約8 ，在美國、瑞典和日本雖然還是新興現象，但因為比起一般的同居關係，分開同居容易避免落入日常生活的俗套，所以也有愈來愈多人投入。

一般認為這跟個人主義的盛行有關，於是尊重情侶的各自空間，避免生活干擾，享有各

自的社交空間與作息時間,是分開同居流行的最主要原因。於是在保護個人生活隱私下享受性愛的親密關係,是分開同居最大的特點。

從經濟面來說,兩個房子花費更大,所以這種模式在白領高收入,而又注重自己生活空間的族群中才得以發展,而一般比較年輕的同居者常是為了一起支付房屋開銷而選擇同居,所以對他們來說,即使認同「分開同居」,也無力辦到。

025
【婚姻marriage】:
婚姻是兩個人依一定的法律規定所建立起來的伴侶關係

婚姻的動機當然不只在於滿足性需求,但是,要是不跟配偶做愛,那是可以訴請離婚的一個要件,所以,這是公權力最為保障的一種性關係。

通常除了合法的性關係之外,最主要的結婚動機有三種,就是經濟、子女和感情。經濟動機除了金錢之外,也有社會階級的考量,而生育合法兒女與認定愛情的歸宿,也是婚姻的主要動機,而這些動機,從古至今,在不同的價值觀選擇下,都有不同的重要性。

在人類歷史中,婚姻也有很多種的形式,例如,一夫多妻制,一妻多夫制,和目前最主要的單偶制,也就是和單一配偶結婚,這是近代社會普遍採用的制度。但是以婚姻開明的程度來論,即使在現代,世界各地仍然存在著極大的差異。像是在配偶的選擇權上,在某些落後地區及民族中,配偶仍然是由父母來選擇,中國古代也是如此。而在荷蘭、比利時和加拿大的安大略省和英屬哥倫比亞省,則除了自己選擇配偶之外,選擇同性配偶的同性婚姻也已經合法,英國則在最近,2005年12月5日「公民伴侶法」開始生效,讓同性婚姻合法了。

2001年6月26日,台灣法務部公布人權法案草案,其中有一條「同性戀者可依法組成家庭,收養子女。」,若真能盡快實施,台灣有可能成為亞洲第一個認可同性婚姻的國家。不過在這草案之前,作家許佑生及他的外籍戀人葛瑞已經在1996年的台北舉行了台灣第一對「男婚男嫁」的同性戀婚姻,雖然還沒有得到真正的法律保障,仍然是台灣同性婚姻史上,不能忘記的一筆。

026
【外遇affair】：
合法婚姻中之配偶一方與其他人所發生的性關係

雖然比較正式的說法是extramartial sexual relationship，不過在日常生活用語中，
也很少有人說婚外性關係，所以通常用having an affair，就是有外遇的意思。

一般人把外遇分為「精神外遇」跟「肉體外遇」兩種，依照法律上的解釋，外遇是指配
偶的一方與第三者發生性關係，也就是通姦罪。而精神出軌，法律則並未規範。

而當前常用的一些外遇相關名詞，二奶、小蜜、婚外情等，這些辭彙反映了外遇真實狀
況的存在，反映出外遇有包養關係、炮友關係，跟戀愛關係等各種不同的內涵。

另外，外遇也是很重要的社會資產，首先外遇是很多所謂八卦媒體的財神爺，各種男女
明星、社會名流的外遇，是刺激銷路的好材料。此外，捉外遇也是徵信業者的重要收入
來源，所以外遇，可以說是最具有經濟效益的一種性關係。

實踐

44 性

027

【性慾eroticism／libido】：
對性的渴望

性慾是一種發生性行為的渴望。從「對象」來說，大部分人的性慾，是對他們想要發生性關係的人產生的，這種性慾或占有慾，已經不像科學家認為性慾是一種生物繁殖下去的基本慾望以及賀爾蒙的作用那麼單純了。性慾跟社會價值、美醜觀念、政經地位、金錢物質、人際關係……都有密切的關係。

一雙美麗的高跟鞋、一套護士服、某種特定的香水，有時候也能夠激起人們的性慾，所以性慾已經跟種種物質與語言符號盤根錯節，成為人類最繁複最不易解讀的一種慾望。也多虧如此，各種時尚男女性雜誌，才每個月都有兩性專欄可以寫。

不過無論是因為畫面、氣味、溫暖、撫摸或語言的刺激，人類的性慾是有些生理特徵可以判別的，像是呼吸急促，血壓升高，肌肉緊張，心跳加快，瞳孔放大，乳頭勃起，陰道變濕，陰莖腫脹或勃起，都是性慾高漲的表現，如果發現自己心儀的對象有以上徵兆，恭喜，表示對方對你／妳也有興趣。

028

【調情flirt】：
沒有明顯性企圖的挑逗或表達愛意的親密舉動

flirt這個詞有調情的意思，最早出現在19世紀，原意則是搖搖晃晃的飄動、敏捷揮動、急速搖動、輕快擺動（尾巴）、不停扇動(扇子)。

在發展進一步關係前，調情是雙方表達好感的方式，但在調情一旦踰愈，就會變成調戲，甚至性騷擾，那麼調情跟調戲、性騷擾，有什麼差別呢？

「調情方法101」（101 Ways to Flirt and How to AttractAnyone, Any Time, Any Place）一書作者蘇珊羅賓（Susan Rabin）認為恰到好處的調情是人們通過視線的

交匯，運用討人喜歡的言語，得到精神上的愉悅，也就是說，是沒有明顯性企圖的挑逗。所以調情跟調戲、性騷擾的不同在於：「不將個人的性企圖強加給對方」。

雖然一般認為調情是一段關係的開端，不過目前很多婚姻專家也鼓勵伴侶之間應該重視調情的重要性，可以讓伴侶仍然感到自己擁有性魅力，也是雙方表達情感的好方式，可以增加生活上的情趣。

029
【性行為sexual intercourse】：
性行為就是通過身體的接觸／刺激興奮性器官／獲得快感與高潮的一種行為

性行為是一個最為廣義的詞彙，無論是自慰、交合、愛撫，各種單獨或群體的性活動，都通稱為性行為。所以性行為是一種不分性別、種族、年齡……一個人、兩個人、很多人，或者動物（奶油犬....），植物（小黃瓜、香蕉....），非生物（按摩棒、跳蛋....）都可以參與的活動。

不過人類因為對性對象跟性行為有各種不同傾向與嗜好，所以性行為堪稱是人類最具普遍性（幾乎大家都想要有性行為），也最具差異性（大家想要的性行為內容常常不同）的一種活動。

030
【自慰masturbation】：
以自己的手或其他器材刺激性器官而獲得性快感

以前人類的自慰行為最常用手來進行，所以以前把自慰叫做手淫，而因為用手，所以也有別名「打手槍」跟「五（根手指頭）打一（根陽具）」。

因為現代情趣用品發達，跳蛋、按摩棒、充氣娃娃都可以進行不是光用手的個人性行為，所以自慰這個詞彙就慢慢替代了手淫，而成為個人性行為最主要的詞彙。而自慰這個詞彙是日本人發明的，指一個人為滿足性慾，但又不能跟別人進行性行為時，便DIY（**Do It Youself**）運用各種自己喜歡的方式，來滿足自己性需要的行為。

針對肛門的自慰則稱為anal masturbation，除了手指、按摩棒、肛門拉珠之外，自己灌腸也是。

如果一個人幾乎沒興趣找性伴侶，就是喜歡自慰，則稱為「自己玩autosexuality」。

031
【自吹autofellate】：
幫自己吹喇叭的口交

一般男人都是喜歡「自吹」自擂的，不過只有極少數的男人有夠長的陰莖或夠柔軟的身體，可以讓自己的嘴巴碰觸到自己的陰莖。而這種自己幫自己吹喇叭的口交方法，就是自吹。

032
【電愛phonesex】：
透過電話自慰的非單人性行為

用電話與人進行性行為，是以聽見對方的呻吟以及情色言語的挑逗挑起性慾，然後自己以自慰的方式用手或道具進行愛撫、搓揉與套弄達到高潮。

除了跟自己的性伴侶因為距離或增加情趣從事這種性行為之外，這種電話性愛也已經成為「性產業」的一種了，這種付費電話在台灣號碼前四碼為0204，後來也成為一個新世代的次文化詞彙：「台北台中」（台北區碼02，台中04）。

例如A跟B說：「你怎麼看起來這麼累？昨晚又台北台中喔？」的時候，可能就是他們不願被別人知道自己打成人付費電話，而用這個新詞彙來代表，而不是真的台北台中兩地跑的意思。

另外，電愛也有可能搞3P，著名電視影集慾望城市（sex & the city）就曾演出這樣的情節：米蘭達跟男友電愛，男友頻頻插撥讓米蘭達等候，回來後進度跟剛剛不同，於是米蘭達問他是否同時跟別人電愛，男友就把電話掛掉，很犀利的點出電愛受歡迎的一個原因：方便（連爭吵也沒必要）。

033
【網愛cybersex】：
透過網路自慰的非單人性行為

電話可以電愛，網路當然可以網愛，何況網路還有視訊的功能，比電話只聞其聲更多了視覺上的刺激。所以使用麥克風或打字用語言或文字挑逗之外，加上網路攝影機（webcam）提供的影像，看到對方的身體與動作來挑起性慾，跟電愛一樣自己以自慰的方式用手或道具進行愛撫、搓揉與套弄達到高潮。

隨著上網人口的增加，網愛的人口也在增加中，從各個色情聊天室的成立與開版數量來看，網愛的確提供了現代人一種安全（沒有實際上的身體接觸）、方便（不用出門，而且你想何時進行隨你高興，沒人會說今晚頭痛不行）的性關係。

而隨著網路的普及、上網人口的增加與網路技術的進步，未來網愛的發展除了會愈來愈普遍以外，也會加入虛擬實境與角色扮演的功能。日本SF漫畫「老處男的春天」，就很鉅細靡遺的描寫了在近未來的日本「御宅族」，進行網路性愛的模式。

034
【前戲foreplay】：
性交前的嬉戲／調情／親吻與愛撫通稱為前戲

前戲包括甜言蜜語、綿綿情話、直接的性語言（端視每個人不同的喜好），愛撫觸摸、擁抱，接吻等等。前戲是建構性情趣與激發性慾高漲的重要階段，換言之，這階段不順利的話，性慾可能會降低甚至熄滅。

根據「輝瑞全球性態度及性行為調查報告」顯示，8成5的台灣民眾會進行前戲，但僅有1成受訪者前戲時間，達15分鐘以上，約6成7的人是在5-15分鐘之間，還有2成的人少於5分鐘。雖然前戲時間長短沒有一定標準，但普遍專家都認為，前戲時間較長會讓性愛滿意度提高，原因在於男性的性興奮、性高潮快，而女性的性興奮、性高潮慢，所以延長前戲時間，會讓男女雙方興奮度趨近一致，而女性就較容易達到性高潮。

近日德國的一項醫學研究則從健康因素鼓勵人們延長前戲時間，他們發現，性交過分猴急的人，血壓提升過快，容易在性愛過程中或之後發生突發性偏頭痛，有可能增加心腦血管疾病的風險（所以會有人牡丹花下死）。所以他們建議進行性愛活動應該慢慢來，不但安全，也會更舒服。

- -

035
【愛撫 love touch】：
運用雙手或道具在伴侶身上進行的各種觸摸與撫摸

雖然說性愛幾乎都從愛撫開始，不過愛撫可說存在整個性行為之中（通常不會讓手閒著吧？），在後戲階段也十分重要，所以愛撫是性行為中時間最長，也是使用頻率最高的一種方式。

作為前戲，愛撫能讓男方勃起，讓女方濕潤，感覺探索對方的敏感地帶。作為性交，能幫對方自慰達到高潮。作為後戲，能讓對方的高潮時間延續，享受更舒服美滿的幸福感，或將雙方領到第二回合的開始。

所以愛撫,是性行為最重要的基本功,愛撫功夫不好,性行為就容易落入一種無聊而反覆的抽插運動。

愛撫也可以運用不同的道具來改變皮膚的感覺造成不同的刺激,像是用按摩油來按摩,一起洗澡時用肥皂泡沫,「泰國浴」就是運用肥皂泡沫最著名的一種方式。

另外,愛撫很大一部份是建立在我們感官的觸覺上,所以「皮膚」可以說是我們面積最大的性器官,針對我們皮膚的特性而發展的不同愛撫很多,輕重力道的差別也是一項重點,最輕微的觸碰,像是手指、毛髮(在台灣用眼睫毛的方式則稱為蝴蝶吻)、羽毛,也都能製造不同觸碰的刺激。

036

【親吻kiss】:
運用嘴唇、舌頭在伴侶身上進行的碰觸、舔弄

在親密行為中,除了親吻性器官稱為口交之外,全身其他地方都可稱為親吻。嘴巴主要分為嘴唇跟舌頭兩個部分,所以吻也有用嘴唇跟舌頭的不同分別。

俗稱的「啵一下」,就是指兩人嘴唇的碰觸(啵就是這種親吻時常發出的聲音)。這種吻比較一般,對第一次初吻的人來說,通常用到舌頭的舌吻才算初吻。舌吻就是將舌頭伸入對方嘴中,也稱為「法式深吻」。此時兩人舌頭深入對方口中,彼此交纏。

除了嘴對嘴之外,用嘴唇或舌頭舔、觸、吸、咬對方的身體,例如耳朵、乳房、手指、大腿等處,也都是親吻。《性愛聖經》的作者艾力克也談到「舌洗」,即是指用舌頭舔遍對方的全身,用舌頭愛撫對方的意思。

值得注意的是,因為舌頭是人類的味覺器官,舌頭上分佈著味蕾,所以若在對方身上塗上食物,也會有不同的感官刺激。日本導演伊丹十三的電影「蒲公英」跟美國電影「愛妳九週半」中,就有用食物親吻做愛的情節,而成為著名的經典畫面。

雖然親吻不是性行為,但是一般人對親吻是有特殊定義的,很多人認為嘴對嘴的舌吻

是兩人真心相愛的重要證明。所以有些性工作者，可以口交、性交，卻不跟客人舌吻。

另外，**kiss-off**這個片語是分手、斷絕關係的意思，也顯示出kiss這個字對一段關係來說，是有其相當重要性的。

037
【愛咬／種草莓 love bite】：
運用牙齒或口腔在伴侶身上進行的咬囓／吸吮

除了嘴唇跟舌頭之外，牙齒也是我們嘴巴可以用來增進情趣的一個工具，輕咬對方身體的各個部位，例如陽具、乳房、乳頭、皮膚、手指、耳朵、肩膀、陰唇、陰核都是一種親熱的行為。

不過咬這個動作的力道拿捏是很重要的，有些人在忘情的時候，容易咬得太用力，而讓對方疼痛不適，甚至留下齒痕。而留下痕跡的另一種love bite，台灣通稱為「種草莓」，這是大力並連續吸吮對方皮膚而留下的瘀痕，因為瘀痕暗紅大小又跟一顆草莓差不多，故名之。

草莓或齒痕因為會在對方身上留下好幾天才會消退，所以帶有一種「最近有性行為」的意味，所以偷情或多位性伴侶者，甚至保守的人通常會忌諱留下這種痕跡。

038
【性交sexual intercourse】：
性交是指性器官跟性器官的交合／通常指的是異性戀男女之間的陰道交合

雖然通常性交指的是異性男女之間的陰道交合，但因為性行為的日漸多元，作為反應社會現實的法律，也已經發現單指陰道交合的狹窄定義，對「強制性交」已經不適用，於是進行了修正（例如使用按摩棒或進入肛門或口腔就不是強制性交嗎？）。

台灣立法院在1999年修法，擴大性交定義，不以性器官對性器官為限，強制性交定義為：非基於正當目的所為的性侵入行為，一是以性器進入他人性器、肛門或口腔，一是以性器以外之其他身體部位或器物進入他人之性器、肛門。

所以可以說，性交是性器官交合的集合名詞，而性器官廣義來說，肛門、口腔、乳房，都是可以交合的性器官，所以肛交、口交、乳交都是屬於性交的一種。

從生物學解釋，性交的目的是生殖繁衍（這時候又稱為：交配）。不過，人類性交的動機顯然並不是只為了生殖，通常是為了獲得性快感與性高潮。

039
【做愛make love】：
性交的一種／但是比性交這個詞具有更多社會性與情感性的內涵

做愛，比性交著重心理上的情感滿足層面，在性交過程中，能夠感受到兩情相悅所萌生的愛與被愛的感覺，產生心理上強烈的歡愉。

人類可以透過做愛獲得生理和心理（被接受、被愛）的滿足，擺脫孤獨的感覺。所以有人認為，寂寞是最好的春藥，古人也說要「趁虛而入」，就是這個道理。

040
【打炮fuck】：
打炮是性服務業的術語，指一次性交的計價方式。（包夜則是以一段時間計價，不論次數）

打炮原本是性服務業用語，在香港稱為：打真軍。後來打炮就延伸到無金錢往來性交的範疇，泛稱一切沒有情感基礎，純生理需求的性交。所以跟做愛不同的是，打炮並不

牽涉到情感（那是做愛），也無關生物學（那是交配），而只是性器官有沒有滿足（也就是生理上爽不爽）的問題。

因為打炮的原因常常是一時的性衝動，性衝動來得快去得也快，所以有些人打炮沒情調，匆匆忙忙，這個時候可以說他搞了一次bunny fuck，匆忙的性交。(跟迪士尼動畫明星兔子邦尼一樣匆忙)

041
【體外性交outercourse】：
沒有插入體內的性交方式

不管是性交、做愛還是打炮，體外性交就是指沒有插入對方身體的性行為。口交、乳交、股間交、陰部磨蹭（陰莖跟陰莖磨蹭、陰莖跟陰核磨蹭、陰核對陰核磨蹭）都是體外性交常見的形式。

在一些有處女情節而貶抑婚前性行為的地方，青少年通常會以體外性交的方式來保持處女膜的完整，當然，對於懷孕或月經中的婦女，體外性交也是維持跟伴侶親密感的重要方式。

而如果體外性交是在體內性交之前的調情的話，就稱為前戲。

042
【股間交interfemoral intercourse】：
陰莖在大腿間摩擦

Interfemoral是大腿、股間的意思。男性可以從前面或後面將陰莖放在性伴侶的大腿股間，用併攏的大腿施予陰莖壓力，男性抽插藉由摩擦獲得快感，而正確刺激女性外陰部核的話，也能讓女性得到快感。

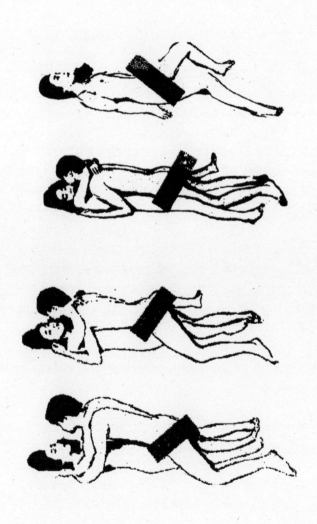

這種體外性交方式通常是怕懷孕、保持處女膜或月經期間的選擇。

043
【口交oral sex】：
口交泛指同性或異性之間／用嘴巴刺激對方性器官的行為

oral的意思是口腔的，與口部有關的，所以oral sex泛稱一切用嘴巴進行的性行為。以往人們通常將口交當作禁忌，是不乾淨、不好的行為，不過在現在口交通常已被視為正常性交的一種。更有人認為口交不算性交，只是碰觸到性器官的親吻。

最著名的案例應該是1998年美國總統柯林頓與前白宮實習生陸文斯基的性醜聞案，在此案中柯林頓一再聲稱他跟陸文斯基沒有性關係，而陸文斯基在一個採訪中回應也說：「我們只是玩玩」。顯示出一種oral sex is not sex（口交不是真正性交）的觀點，雖然有些人認為這是柯林頓的脫罪之詞，但是在目前社會的確有不少年輕人抱持相同看法。

這種觀念的形成一般認為有兩種因素，一是處女情結。許多女性在第一次陰道性交前，曾經有過口交的經驗，通常是在初夜前讓男伴得到性滿足的替代方式。第二則是異性戀的陰道性交至上主義，抱持這種觀念的人認為只有陰道性交才是真正的性關係，其他都不算。

不過鑑於保護性被害者的立場，台灣已經在1999年修改刑法的強制性交罪條文，認為口交也是性交的一種。

不過不管人們對口交是接受或不接受，認為它算不算性交，口交這種性行為仍然持續存在，並且發展出許多不同類型的變化。

044

【吹喇叭\blowjob、cocksucking】：
通常是把勃起的陰莖前端／龜頭含在嘴裡以舌頭舔弄／或上下套弄的口交方式

對男性進行口交的專業術語詞應該是fellatio，但是通常口語中用的詞則是blowjob、cocksucking，fellatio是比較專業的術語，源於拉丁語的fellare，意思是被舔。

因為脣、舌、口腔溫暖潮濕，加上口舌是隨意肌，可以靈活運用力道跟速度，相較於不是隨意肌的陰道，吹喇叭可以用舌頭輕舔龜頭的前端或邊緣，或用口腔含住整個龜頭，加上可以移動頭部位置上下套弄、左右晃動，種種方式都可以帶來不同的刺激，產生特別的快感。因為這些綜合起來的特點，所以吹喇叭受到普遍的喜愛，就成了目前最普遍的口交方式。

045

【操口irrumati】：
動作與吹喇叭相似但是主客易位／男方主動把對方的嘴當作孔一樣的抽插

操口或用同義字肏口，都是指把嘴當作陰道或肛門抽插的意思。irrumati源於拉丁字irrumare，原意是用口舔，不過一般比較常用face fucking，來表示這種口交方式。

046

【深喉嚨deep throat】：
比較少見的口交方式／將勃起的陰莖放入嘴裡／使陰莖滑入喉嚨／直到整支陰莖都被吞入為止

「深喉嚨」這個名稱源於同名的成人電影，這部引起轟動的電影可以說是成人電影史上最著名的片子之一。1972年上映的此片全長61分鐘，女主角琳達困擾著自己性交從來沒有得到性高潮而嘗試各種性交經驗，卻依然如故，最後求助醫生，醫生卻說她生理結構錯亂，陰蒂長在喉嚨的部位，因此必須藉由讓陰莖深入喉嚨刺激到陰核的口交方式才能達到高潮。

此片在正歷經反戰、性解放等社會運動的美國70年播出即造成風潮，可以說是造成今日口交成為所有成人電影必備橋段的重要起源。而深喉嚨電影推出不久剛好爆發「水門事件」，當時華盛頓郵報總編輯，基於新聞道德，就把消息來源用深喉嚨來取代。從此深喉嚨就代表洩漏尼克森總統涉入水門案的消息來源。

而台灣社會抄襲此代號，將2005年「高捷弊案」的秘密線人也稱為深喉嚨，形成全島都知道深喉嚨代表秘密線人成為流行用語，而很少人知道這原本是一部成人電影的片名。

047
【舔陰囊teabagging】：
將陰囊含到口中的口交方式

teabag就是茶包，所以teabagging就是說陰囊形狀像茶包，把陰囊放到嘴裡就是泡茶包的意思。

所以下次聽到男伴詢問想不想喝茶，最好搞清楚他的意思到底是什麼。

048
【舔肛rimming、rim job】：
或稱肛吻／用嘴巴對肛門親吻的口交方式

這種用嘴巴對肛門與肛門附近親吻，一般比較流行於性服務業，在香港的名稱則是：「毒龍鑽」，鑽的意思就是把舌尖伸入肛門的意思。

後來因為冰火五重天的緣故，也發展出了冰火毒龍鑽，就是用不同溫度的冷熱水含在口中後，再施展毒龍鑽的意思。

049

【冰火五重天snow fire blow】：

利用溫差的三溫暖手法／口含冷熱水給予性器官更多刺激的口交方法

不管是冰火五重天還是冰火九重天，幾重天就是代表總共冰火幾回的意思。這種源自三溫暖（泡完熱水泡冷水，泡完冷水泡熱水），用溫差對皮膚造成刺激，可以說是人類利用「溫度」作為性道具，讓皮膚得到快感的一種方法。

不管幾重天，通常都要準備熱水、冰水，然後把冰水含在口中讓嘴巴冰涼後再去親吻對方的性器官，到冰涼感沒了，再補充冰水，兩三次後換含熱水，這樣來回五次不同的溫度，就是冰火五重天，如果九次，就是冰火九重天。

- -

050

【舔陰cunnilingus、cunt licking】：

對女性的陰唇／陰蒂／陰道內口用唇舌親吻／吮吸／舔弄的口交方式

對女性口交比較專業的說法是cunnilingus，較為口語化的說法則是cunt licking。而舔陰是cunt licking的英翻中，事實上中文社會是沒有這樣講法的。中國古時的小說把這種對女性的口交方式稱為品玉或者含玉（對男性吹喇叭則稱為品簫），仍然是大部分人的說法，不過這種文言文不是很口語化，所以一般人也很少這麼講。

或許一來中國保守太久，二來長期是父權社會，以致於到了當代，居然還沒有一個常見的口語詞來表示對女性的口交，而只有中國古代文學流傳下的品玉這個詞彙，顯然中文社會對女性口交是遠不如對男性口交來得普遍。

而在沒有什麼當代詞彙的情形下，就像一些異性戀者用「上」這個動詞代表發生過陰道性交一樣（我上過她了），台灣女同志會以「吃」這個動詞表示進行過口交（我吃過她了）。

對女性來說，口交通常比陰道性交容易帶來高潮，因為陰核高潮是女性最主要的高潮來源，陰道高潮跟G點高潮是較為少見的。所以對女性口交或是用手愛撫陰核，相較於用陰莖進行陰道性交，是比較容易讓女性獲得性高潮的性交方式。

051

【紅翅膀red wings】：
在月經期間對女性口交

紅翅膀這個詞彙源於老鷹翅膀eagle wings，源於Deirdre所寫的名句「I spread open my eagle wings and let him make me fly！」也就是用eagle wings比喻女性的雙腿大幅度打開的意思。後來紅翅膀就特指在月經期間的口交行為。

052

【震盪hum job】：
在口交同時運用發聲器官產生共鳴／形成類似電動按摩棒一樣的震盪效果

在吹喇叭或品玉的時候，加上發聲像是嗯嗯或啊啊，如果發聲器官確實產生共鳴，就會產生音波震盪的效果，讓對方產生像使用電動按摩棒一類震動性道具的快感。

所以，如果認識了一個學聲樂或非常會唱歌的性伴侶，絕對應該鼓勵他／她在口交時，試著唱歌給你／妳聽。

053

【69 sixty-nine position】：
兩個人互相口交時的性交體位

因為同時幫對方口交，所以兩人的頭尾會顛倒，樣子好像阿拉伯數字中的6跟9擺在一起所以得名。

69能使雙方同時幫對方口交，除了可以作為前戲，也適合作為性活動的中間緩衝，也可以作為後戲。不過這個姿勢唯一的遺憾就是雙方的身高不能差太多，所以對於想要找比自己高很多的男朋友的人來說，這個姿勢應該是沒辦法享受得到的了。

值得注意的是，中國八卦圖中的陰與陽的黑白形狀實際上也是一張69圖，所以69可以說是人類性體位中，最早擁有圖像的一種了。

054
【乳交tit-fuck】：
乳房性交／用乳房包住陰莖上下套弄或是男性主動抽插的性交方式

tit是美國俚語中乳頭、乳房的意思，tit-fuck也就是乳交。將陰莖擠壓在乳房之間，把乳溝當作陰道一樣抽插，或是由乳房套弄，陰莖因為摩擦而受到刺激，而產生性快感。

想當然爾，乳交跟乳房的罩杯大小有密切的關係，所以若是性伴侶的罩杯不夠大到可以乳交的話，就別表現出你對這種性交方式的興趣。

另外，乳房是不會分泌潤滑液的，乳交前要記得準備好潤滑劑，雖然運用唾液跟潤滑液（先陰道性交再乳交）也是可行的方式，但要記住，它們都會很快乾掉。

而關於乳交的流行，一來是乳房是個會引起男性性衝動的重要性徵，二來在當代傳播媒體，女性的乳房已經成為一個最重要的性感象徵（總不能裸露下半身吧？），而經常作為廣告的一部分，也是時尚服裝設計的性感重點。

尤其在 動漫（動畫漫畫）次文化族群裡，晃動的乳房更是重要的必備橋段，稱為：「乳搖」。

乳搖指因運動或衝擊等因素造成女性乳房波動的現象，常常作為一種吸引人氣的手法。例如跑步的女性就是最常見到的乳搖橋段。

055

【手交finger-fuck】：
刺激女性陰核與男性陰莖達到高潮的愛撫

手交或稱打手炮，是專指刺激女性陰核與男性陰莖達到高潮的愛撫，不過更多是用在把手指伸入女性陰道的性交方式（這使得它有些困難被定義算體外或體內性交）。

手交是個探索女性G點的好方法，到底手指比陰莖靈活，也比舌頭進入的深。

056

【腳交footjob】：
用腳對性器官進行擠／壓／夾跟摩擦各種動作的性交方式

腳交通常是有戀足傾向的人喜好的一種性交方式，通常是異性戀的女性對男性進行。

最主要的戀足傾向，是異性戀男性，第二是女同志，無論是古代的三寸金蓮或現代的高跟鞋，對女性的腳的迷戀，我們在AV影片（adult video）中常看到女演員裸體也還穿著高跟鞋做愛就能理解了，戀足可以說是人類的一種長久嗜好。

另外，若是覺得腳交不夠口語化，也可以說是打腳炮。打炮這個字可以加上別的字做新的發展，像是打野炮（指在公共場所打炮），打奶炮（即是乳交）都可以。

057

【磨蹭frottage】：
身體之間緊貼與摩擦的性行為

可以達到相當性快感甚至高潮的磨蹭是外陰部磨蹭，男女同志可以是陰莖跟陰莖磨蹭（cockrub）或陰核對陰核磨蹭（tribadism、scissor fight）、乳頭對乳頭的磨蹭。異性戀者則是陰莖跟陰核磨蹭，這些都是體外性交中常見的磨蹭方式。

LOVE

LOVE

LOVE

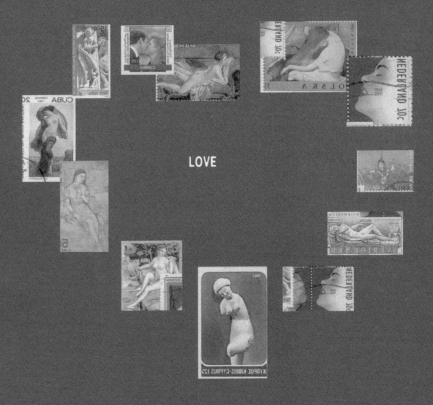

LOVE

LOVE

LOVE

磨蹭也泛指所有這種身體摩擦，能激起性慾或帶來性快感的行為。**Frottage**這個詞彙源於法文的**frotter**，就是摩擦的意思。

不過有些特別喜歡磨蹭的人，他們會在公共場合偷偷磨蹭別人，像是擁擠的公車、電車，這種性癖好稱為**frotteurism**，有這種癖好的人叫做**frotteurist**，在日本叫癡漢，台灣應該是叫電車之狼（台灣這方面的詞彙很貧乏，什麼都只會叫狼）。

另外，在舞廳夜店有些人會黏在一起跳熱舞，這種磨蹭也會讓人有相當程度的性興奮。

058
【體內性交intercourse】：
插入體內的性交方式

體內性交普遍指陰道性交與肛門性交，因為插入對象的不同，有不同的體內性交方式。

體內性交是人們最普遍認定的性交定義，也是物理上，人跟人的身體之間所能達到最接近的距離，所以心理上它也會產生相當的親密感與滿足感。

059
【肛交anal sex】：
肛門性交的簡稱／指使用肛門和直腸的性交方式

anal是一個形容詞，表示肛門的或近肛門的，所以**anal sex**表示一切跟肛門相關的性行為，並且通常的意思是指陰莖或使用性道具插入肛門的性行為。

肛門屬於敏感帶，它和嘴唇、乳頭、生殖器一樣，佈滿了神經末梢，因此極為敏感。女性的肛門位置又和陰道的後半段十分接近，因此許多人只要愛撫肛門，就會有強烈的刺激和快感。

異性戀的肛交一般是男性的陰莖插入女性的肛門，也有女性用手指或性道具插入男性肛門的方式。異性之間的肛交在目前社會大多已被認為是性行為的一種正常方式，但沒有口交普及。

在不瞭解的情況下，一般人通常認為肛交是男同志必然的性交方式，其實有不少同志並不覺得肛交有吸引力，有些同志一輩子也沒有嘗試過肛交。

另外，因為肛門和直腸不像陰道會分泌潤滑液也不像嘴巴有唾液，因此，肛交前要記得準備好潤滑劑。

060

【釘牢pegging】：
女性以皮帶假陽具對異性戀男性肛交

pegging這個詞彙很新，它是2001年由Dan Savage所撰寫的專欄Savage Love的讀者所票選出來的，特別用來指女性配戴皮帶假陽具後，對直男肛交的性行為（釘牢妳的男人吧！）。

Dan Savage是個開明的性愛專欄作家，他鼓勵一般異性戀伴侶實驗多些性愛方式，在他的鼓吹下，這種肛交被特別的命名，以便跟同志的肛交區別，好讓那些腦袋裡還存有一些恐同症的直男，安心的享受直列腺快感，而不必害怕被說是同性戀，而女性也可以享受自己男人的另外一面。

061

【拳交【fisting】：
將整隻手插入陰道（陰道拳交）或肛門（肛門拳交）的性交方式

fist是拳頭，用拳頭性交就叫fisting也可以叫做fist fucking，有時簡寫「ff」。拳交並不必一定是握拳插入，五個手指頭併排靠攏慢慢地插入陰道或肛門一樣也是拳交。

拳交通常要戴上醫療用的橡膠手套,並塗抹潤滑劑,慢慢深入,讓陰道或肛門慢慢擴張,否則很容易肌肉拉傷。

拳交可以說是相當接近極限體驗的一種性交,彷彿模擬體驗生產時擴張的痛楚,在體驗中,有些人認為痛感與快感會成正比增長為他們帶來最強烈的經驗。

062
【獸交animal sex】:
人類與動物之間的性交稱為人獸交／或簡稱獸交

獸交跟動物戀者不完全劃上等號。一些AV影片以女人和狗、馬等雄性動物獸交,是一種視覺的色情刺激,演出的女性通常不是動物戀者。

動物戀指人類對動物產生親密感或性渴望的一種愛戀。從很多人對寵物的喜愛程度與付出來看,跟其他的情感關係甚至愛情關係,已經沒什麼差別了。

而著名的「奶油犬」一詞則源自於著名的日本漫畫家臼井儀人(蠟筆小新的作者)的作品「妙不可言」跟「邊緣地帶」之中,其中常常運用奶油犬來製造笑料。這種源於日本的獸(口)交,是女性將奶油抹在乳頭、陰部後,讓狗狗舔吃,而由此獲得快感。這種狗或這種行為,都稱為奶油犬。

063
【體位position】:
性交的姿勢

性交的姿勢很多,談論體位最著名的書籍是印度性經。異性戀者最常使用的傳統體位是男上女下的傳教士體位(missionary position),這個稱呼源自19世紀,當時的基督教傳教士認為男性在上的體位,才是最自然的姿勢,勸教徒不要用其他姿勢性交,因而得名。

不過現在已經很少人只使用這種傳統體位了，在注重女性情慾與高潮的現在，很多女性發現騎乘體位（cowgirl position）是她們比較容易達到高潮的一種體位。這個體位是女性將膝蓋打開坐在男性身上，配合自己的快感與喜好的節奏、力道，來運動自己的腰部，而男性可以配合節奏挺腰，雙手可以愛撫乳房。

無論是採用哪一種體位，只要雙方喜歡，就是好體位。不過要注意最重要的原則，體位是一種過程，在性交中變換體位重要的是自然的銜接，以及注意對方是否舒適，不要過度興奮挑戰人類極限，萬一陰莖骨折或肌肉拉傷，就很糟了。

064
【叫床sex talk、moaning with pleasure】：
指性交時的話語與叫聲／可以用來挑逗／刺激甚至滿足伴侶的聽覺

叫床是性交時唯一針對聽覺的一種技巧。稱為技巧，是因為叫床的好壞，是後天可以訓練的。叫床包含語言，性交的時候說什麼話，可以說是整個性活動中，最文明的部分，因為只有人類才能運用語言，而動物只有叫聲。

所以不要懼怕在性交時叫床，用語言表達自己，才是人類性交有別於動物的地方。無論是暗示語、誘導語、感嘆語，適當的表達可以能讓對方達到感官與心理，雙層的滿足。

065
【射精ejaculation】：
射精是男性將精液射出的動作。

男性達到性高潮時通常會有射精的動作，在英文中，男性即將射精前最常用的叫床語是I'm coming，就是表示他即將射精。而美國的成人影片俗稱射精為：cumshot。（come=cum）

cumshot這個詞彙源於成人電影，shot是指鏡頭的意思，而關於男性射精的這個鏡頭

在業內也稱為：money shot，就是意謂cumshot是個能賺錢的shot的意思（最常用顏射，所以顏射最賺錢）

066
【顏射facial】：
將精液射在性伴侶臉上

射精之所以會是money shot，賺錢的鏡頭，是因為射精鏡頭意味著：我們玩真的，這是一場真槍實彈的性交的意思。因為通常女性沒有像男性那樣明顯高潮的生理反應，所以要是男生也沒有射精，兩個人一直叫床，然後就說自己高潮的話，實在難分真假，所以cumshot就成了最方便辨識玩真的還是玩假的的方法了。

既然要射出來給客人看，就產生了很多不同射精地方的變化，也產生了不同的射精名詞，射在臉上稱為：顏射facial=cum facial，射在乳房上稱為：奶射cum boob（也暱稱珍珠項鍊pearl necklace），射在嘴巴裡稱為：口內爆漿sperm shack，而把精液吞下去的話則稱為：喝豆漿felching或cum swallowing，若是體內射精射在陰道或肛門，拍攝精液留出來的樣子則稱為奶油派或屁股派creampie /asspie。

067
【一起射bukkake】：
一群人一起將精液射在一個人身上。

日本AV影片最常用的群交場面結尾鏡頭就是：一起射bukkake。一起射並不限定只射一個人，射兩個也可以，只要人夠多，愛射幾個都可以，被射的人還可以彼此玩snowballing（口傳精液）。

另外，而在日本AV中，更特別把其中沒有插入陰道，只以口交與自慰射精的男優（男演員）特稱為：汁男優。

068

【口傳精液snowballing】：
含著精液然後通過接吻和吐出的方式和別人交換

在日本導演伊丹十三的「蒲公英」一片中有一段男女演員用嘴互傳蛋黃的鏡頭讓人印象深刻，把煙跟酒用嘴傳給伴侶也是常見的調情手法，所以傳精液，可以說是這種調情手法最情色的表現方式。

在色情文學跟電影中，這種行為很常見於群交場面的結尾，在一起射bukkake之後。

|--|

069

【女性射精female ejaculation】：
女性強烈高潮時像男性射精一樣的射出液體

台灣通常將女性射精稱為潮吹，這個名詞源自日本的AV影片，而美國的成人影片則稱為：pussy squirting。

女性射精指女性在性高潮時射出體液的現象，一般認為，男女有相似的器官和組織，而男性產生大部分精液的前列腺就類似女性的尿道海綿體，這個海綿體在女性射精中扮演跟男性前列腺同樣的角色。尿道海綿體一共有30多個腺體，分泌的液體跟男人的前列腺液一樣，這就是女性射精排出的體液。

潮吹這種現象在女性中並不常見，形成的原因也還不夠清楚，有人認為這跟尿道海綿體30多個腺體中的斯基恩氏腺（skene's gland，這個腺體的名稱是以首先討論它的醫生，Alexander.Skene命名）有關，認為刺激斯基恩氏腺也就是等同於刺激男性的前列腺，會造成更強烈的性高潮。也有些人認為它就是所謂的G點，刺激到它，才能產生G點高潮，也就是陰道高潮。如果斯基恩氏腺真的是女性射精和陰道高潮的原因的話，這也許就是為什麼那麼多婦女在陰核高潮時不會射精的原因。

070

【後戲afterplay】：
指性交後的嬉戲／調情／親吻與愛撫通稱為後戲

不管在東方還是西方，男人在後戲這方面都有點懶惰。美國最近一項調查顯示，性交後，有32%的男性調整呼吸或抽煙，17%的男性開始睡覺，14%的男性上廁所，9%的男性去洗澡，65%的男性會找東西吃喝，還有2%的男性準備再做一次。

有人認為後戲是區分做愛跟打炮（也就是有沒有感情）很重要的時候，一般男性在性交前都可以表現體貼，不過在性交後也會體貼，那才是真體貼。

射精後翻頭就睡會讓對方認為你只想發洩，所以後戲是很重要的步驟，記得輕輕的愛撫對方，讓對方的快感延續，享受舒服美滿的感覺。

美國性愛雜誌「ivillage」在調查問卷中發現，性愛後戲按照受歡迎程度由高到低是：擁抱、交談、按摩跟淋浴。

性交後跟伴侶共浴，在霧氣騰騰的浴室可以相互愛撫，熱水還能刺激血液循環，讓兩個人都放鬆，之後可以一起睡個舒服的好覺。

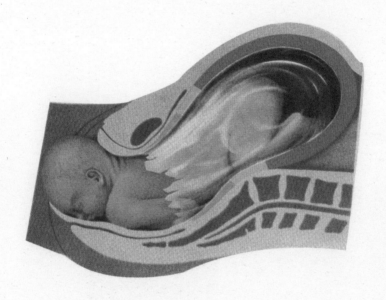

happy birthday to Y...

9

性

*se*xual pleasure

快感

071

【 性快感sexual pleasure 】：
經由性行為刺激性器官而產生的快感

性交不一定有高潮，但是一定有性快感。20世紀當代法國著名文學理論家羅蘭‧巴特（Ro1and Barthes，1915-1980）在其著作《戀人絮語》中認為性高潮被過份強調，綿延不休無止盡的性快感才是更重要的。這種「去中心化」的思想，至少提醒了一件事：不要把高潮擺在唯一重要的位置。

古代亞洲的道家跟密宗也有類似的見解。道家重視練精化氣，提倡男性不要射精，不要到達高潮，因為他們認為男性的精液是很寶貴的，不射出來，就能保有自己的精氣。而密宗的男女雙修強調性交應該停留在前高潮期pre-orgasmic的狀態，才能達到精神與身體上的精進。

沒有足夠的性快感，無從產生性高潮，性快感是性交過程裡無所不在的重點。狹義上，它僅指性器官帶來的快感，但廣義來說，它包含了視覺、聽覺、嗅覺、觸覺、味覺五種感官，以及心理上佔有、認同、愛慕、控制....各種性行為過程中所產生的快感，所以性快感是一種複雜的綜合快感。

而每個人注重的性快感有所不同（有人注重叫床、有人注重觸覺、有人注重控制....），所以造成了多樣化的性行為。

072

【 前列腺快感prostate pleasure 】：
指男性在前列腺受到適度刺激後產生的性快感

前列腺（prostate）又稱攝護腺，位於直腸前方及膀胱下端，由兩葉腺體組成，包圍著尿道。前列腺是男性的生殖腺，負責製造濃液混和精子形成精液。

前列腺快感主要通過陰莖，手指或其他道具來實現（有人把NOKIA 8850手機塞進肛門，後來拿不出來而去求醫而轟動一時，後來造成這款手機在網路被稱為肛門機。）前

74

列腺快感跟性傾向無關，它就是一個客觀的事實：刺激前列腺會有快感，所以直男也可享受前列腺快感。

前列腺被刺激後，因為與豐富的交感神經互連，會引發交感神經的興奮，這種快感與陰莖快感的產生機制類似。用手指的前列腺按摩（prostate massage）除了在醫學領域用於協助前列腺炎病患（前列腺炎通常以抗生素、前列腺按摩或手術治療），現在還在歐洲的按摩行業成為了新的服務項目。在英國和荷蘭前列腺按摩發展迅速，按摩師通過對顧客進行前列腺按摩，可以使顧客產生性高潮。

073
【性高潮orgasm】：
性交時性快感的頂點

性高潮（orgasm、sexual climax）通常會有射精、臉紅、抽搐的生理表現。男性的性高潮大多以射精表現，射精過後性高潮也很快結束。

女性的性高潮不像男性那樣突然、時間短暫。女性的性高潮是漸進的，通常女性陰道的括約肌會間歇式的收縮，會喊叫或是無意識的發出聲音，而女性在高潮後往往仍陶醉其中。

性高潮的發生原因除了最常見的男性龜頭快感與女性陰核快感之外，男性前列腺快感跟女性G點快感，也是會產生性高潮的（分別稱為前列腺高潮與G點高潮）。

074
【無射精高潮dry orgasm】：
指男性沒有射精的高潮

雖然男性的性高潮大多以射精表現，不過也有沒有射精的高潮。青春期的男孩自慰或

性交，由於生理構造還未成熟，還沒有精液，但是他們仍有可能達到高潮，此時他們的高潮不會射精，就稱為無射精高潮dry orgasm。

還有從女性變為男性的變性者 female-to-male transsexual men，他們可以有高潮，但是缺乏前列腺等等腺體，無法有射精的現象。

而有些成年男性則是刻意讓自己達到無射精高潮，有些人是想延長性交時間，所以在即將射精時將陰莖握緊，逼迫精液回流。有些人在習慣後，可以熟悉這樣不射精的方式。

另外像是前列腺切除的人(通常因為前列腺肥大或前列腺癌) 跟輸精管異常的患者（精液流入泌尿管或膀胱），也會有無射精高潮的現象。

075
【多重高潮multiple orgasms】：
在性交過程中可以有好幾次的高潮

對女性來說，這不是什麼神奇的事情，根據一項統計，大約有13%的女性體驗過多重高潮。但是對男性來說，這就比較罕見，因為男性高潮通常會射精，而射精後需要一段時間補充精液，所以不太能有多重高潮，通常是休息後再來一次的情形。

不過，有些習慣無射精高潮或是每次高潮射精量稀少的男性，則有多重高潮的可能，而能體驗跟女性相似的連續波浪性高潮。

也有極少數的男性，可以在射精高潮後保持勃起，繼續性交而達到多重高潮，有些醫師認為這是腦下垂體或其他身體機能異常造成的結果。

有趣的是，一般男性多重高潮的達成是建立在「控制」射精，抱持著刻意達到多重高潮的目的。相反的，女性多重高潮通常是因為「放鬆」，並且不抱持想要達到高潮時發生的。

076
【假高潮fake orgasm】：
假裝自己有性高潮

雖然目前的社會對性行為跟性討論已經算開放了，但是確有非常多人，會假裝自己已達到高潮，而不願跟他們的性伴侶承認自己沒有達到高潮。

造成這種欺騙的原因有很多，不過大多是希望讓自己的性伴侶獲得心理上的滿足感以及保有自尊，而不影響到兩人之間的關係。

在電視節目慾望城市（Sex and the City）中，有一次夏綠蒂跟米蘭達認真的討論了假高潮。當米蘭達因為一個眼科醫生無法帶給她性高潮而決定分手的時候，夏綠蒂說花點小時間假裝性高潮總好過整夜孤單。這個論點，應該就是大部分人假裝性高潮的原因。

- -

077
【G點G-spot】：
指女性恥骨後的一小塊區域，是尿道海綿體的一部分

G-spot這個名詞源於德國婦產科醫師Ernst Gräfenberg。目前有愈來愈多的性學專家相信，刺激G點可以讓女性得到更強烈的性快感，而且可能是女性射精的發生原因。

而刺激G點的方法，是對陰道前壁進行摩擦。所以若陰莖向上彎曲，一般傳教士體位或騎乘體位就可以對陰道前壁進行G點刺激，如果陰莖不是向上彎曲，就必須運用其他體位。例如向下彎曲，則後背體位才有利於刺激G點。對G點的刺激也可以用手指或舌頭，插入時手指或舌頭朝上，向陰道前壁愛撫碰觸。

另外有些女人認為30多歲對G點刺激會更有快感，有醫生認為這是因為陰道的組織隨著年齡的變化，讓刺激G點變得容易。而這也是30多歲是女性性高峰期的原因之一。

078

【餘震aftershock】：

發生在性高潮後的不隨意肌肉收縮

這個名字跟地震的餘震一樣，表示在主高潮（主震）之後的小高潮（餘震）。

女性因為性高潮本來就比男性時間長，而且像波浪一樣有一波一波的感覺，所以通常女性的餘震經驗比較多，在強烈的性高潮後大約有持續一分鐘左右的餘震。餘震通常是很享受的，但因為餘震是一種不自主的肌肉收縮，有點像抽筋，所以若是肌肉收縮強度過大，有些人會有痛苦的情況。

而男性的餘震情形比較少，就跟男性也比女性少有「爽死」的經驗一樣，一般認為，這是因為女性的性高潮比男性的性高潮更為強烈的緣故。

- -

079

【爽死little death】：

性高潮造成的神志昏迷

成人小說或電影常常有女性叫床的對白或台詞說：「哥哥，你幹死我了」或「我要死了」之類的話。

這裡的死當然不是真正的死，而是little death，高潮後的昏迷，也就是爽死的意思。爽死的原因是因為性高潮強烈的快感讓人失神，意識短暫陷入不運作的狀況造成的。

這種狂喜，有些人認為嗑藥的狂喜也很類似。不過還是有不同的差別，例如little death是不能像吃了搖頭丸之後一樣可以跳舞的。而且最大的差別在於：嗑藥會對身體造成傷害，但是爽死不會，而且通常也不會犯法。

性　　　幻 ¹⁵

想 ✕

sexual

fantasy

080

【性生活sex life】：
一個人所有的性活動／稱為那個人的性生活

除了性實踐之外，人類的性活動有些是光想不做，沒有實踐的，這些稱為性幻想，至於那些沒去做也沒去想，就自己發生的，就叫做春夢跟夢遺。

一個人的性實踐、性幻想、春夢跟夢遺，一切跟性有關的行為與現象，總稱為一個人的性生活。

- -

081

【春夢erotic dreams】：
夢到性交或調情／愛撫等等性活動內容的夢

做春夢很爽，不過醒來終究是一場夢，讓人覺得若有所失，所以常常說春夢了無痕（源於中國宋朝詩人蘇軾的「春夢了無痕」一詩），就是說做春夢沒有留下痕跡的意思。

但是春夢了無痕也有現實親密關係分手後感嘆的意思，即使當初再恩愛的人，一旦分手，也是一場空，所以也可以說跟做了一場春夢一樣，感嘆春夢了無痕。

不過其實春夢不一定都是無痕的，如果夢遺的話，就會留下痕跡了。

- -

082

【夢遺wet dream】：
男性在睡夢中射精

夢遺發生的原因跟精液的累積有關，客滿了就要清一下。根據統計，夢遺以發育期間的青少年次數最多，成年男性比較少。

雖然大部分的夢遺跟春夢有關，但有些夢遺卻沒有春夢，所以事實上夢遺也會是一種純生理的自發性行為，可以在沒有任何刺激下出現。

中國社會有一些長期錯誤的性觀念，可能源於道家對精液的過度重視（他們認為精液很珍貴），以致於民間甚至有「一滴精十滴血」的說法，而認為夢遺是一種「精關不固」的疾病（通常說是腎虧）。

精液其實主要成分為水，佔90%左右，其他有脂肪、蛋白質、磷脂體、氨基酸、酶類、果糖....等等，就營養價值來說，一杯250cc的牛奶或豆漿所含的營養都比精液高多了。所以不要對精液抱持錯誤的觀念，就算沒有射精或夢遺，庫存太久的精子也會淘汰被身體吸收（女性沒有受精的卵子則以月經的方式排出），根本沒必要認為它是個珍貴的東西。

- -

083
【性幻想sexual fantasy】：
用大腦想像某些性活動使自己性興奮的方式

性幻想之所以不是性實踐，除了一些所謂「有色無膽」不敢行動的人之外，最主要的原因是因為有「實踐上的困難」。

具有實踐上困難的性幻想在現實生活中是難以被接受的，根據統計，性幻想最主要分為以下幾種類型：私通姦情adultery，亂倫incest，綑綁sexual bondage，集體性交group sex，性控制與服從sexual domination and/or submission（像是女王遊戲），性虐待或被虐masochism and/or sadism，強暴幻想rape fantasy。

其他相較之下比較容易實現的性幻想則主要有：禁忌對象（例如未成年對象、親戚或朋友的伴侶....），角色對象（空姐、護士之類的）、俊男美女、明星名人、偷窺與暴露。

其實所謂在現實生活中難以實現的性幻想，並不見得真的困難。像是集體性交、虐待或被虐，其實都有一些具有相同性嗜好者所組成的社群可以接觸。通常困難是在於一般人還沒有性多元的觀念，在心裡還將這些嗜好視為疾病，認為變態，而害怕接受自己

這方面的慾望的原因，也所以，性幻想一般被認為是壓抑的，無法實現的性慾望。

要注意的是，性幻想也會是性伴侶間增進彼此關係的重要關鍵，進入伴侶的幻想世界是刺激的冒險，而在知道了伴侶的幻想後，兩個人的關係通常會有更深一步的發展。

另外，性幻想也是性產業很重要的一個利基，也就是賺錢的基礎，像是讓性工作者打扮成空姐或護士，這都是在企圖滿足客戶角色對象的性幻想。

084
【性角色扮演sexual role-playing】：
性伴侶扮演特定角色的性活動

角色扮演是非常廣泛的行為，像是角色扮演遊戲（RPG，Role-playing game）就是一種全民化的遊戲，而在性活動中的角色扮演，則稱為sexual role-playing。

所謂特定角色是指雙方約定的意思，性角色扮演通常是一場情境設定的劇碼，設定雙方的身份與關係，設定時間與空間，然後進行一場即興的演出。例如設定兩人是老師和學生、老闆和秘書、客人與空姐、醫生與護士或病患等等。

性角色扮演是非常普遍的一種性活動，許多夫妻跟情侶也喜歡這種增加情趣的方式。而性服務業者也樂於提供這種服務，在日本還有「癡漢俱樂部」，佈置出電車車廂，讓客人滿足在電車上吃女乘客豆腐的性幻想。

085
【癡漢／痴漢】：
通常指在電車上對女性性騷擾的男性

日文的漢字寫為痴漢，廣義的意思就是對女性性騷擾的男性，而不限於電車上。

為了解決上下班交通高峰期對女性的性騷擾，2005年3月日本政府與各家鐵道公司達成協議，推出女性專用車廂，實施所謂「癡漢對策」。

女性專用車廂，每列電車設一節。除女性外有3種人也可以搭乘：學齡前男孩、身體殘障男性與身體殘障男性的幫助者。

不過雖然癡漢深被女性厭惡，因為近來很暢銷的「電車男」，日本又出現了一本新書叫做「癡漢男」。

癡漢男情節類似電車男，因為在電車上被誤會為是癡漢而開始了一個戀愛故事，不過雖然故事跟電車男一樣走溫馨可愛路線，可別誤會癡漢是「癡情男子漢」的意思。

086
【亂倫incest】：
近親／家庭成員的性交稱為亂倫

難以實現的性幻想中，大概以亂倫的性幻想是最難的一種。不過這種性幻想的確大量存在於色情文學之中，對象以父母與兄弟姊妹居多。

在古埃及，皇室的親近性交被當作是保持皇室血統的方法。不過在大部分社會，都禁止父母親與自己小孩，以及同胞兄弟姐妹發生性關係。亂倫禁忌的由來從遺傳學的角度來說，是因為近親繁殖常常生產出健康不良的下一代，所以亂倫禁忌可能是防止近親繁殖而產生的。

古代中國人對於倫常觀念相當堅持，超過近親繁殖的範疇，金庸著名小說《神鵰俠侶》中楊過要娶師傅小龍女為妻也被視為亂倫的一種，而遭受到所有人的反對大概是怕此例一開，以後徒弟對師母就會不規矩了吧？

087
【動物扮演animal play】：
性伴侶扮演動物的性活動

既然說到「神鵰俠侶」，如果有人希望扮演神鵰，而伴侶扮演郭襄來玩的話，這除了是角色扮演之外，也稱為動物扮演。

動物扮演常見的是小狗、小豬、馬、牛、羊，當然，要當禁臠公主的惡龍或是泰山身邊的猩猩跟泰山女友偷情也是可以的。

基本上各種扮演都可以說是「一場性的劇場表演」，要演什麼角色端視參與者雙方的自由與彼此尊重。重點是：你／妳要表演的好，才會讓人願意再次走進劇場。

- -

088
【人妻／MILF】：
別人的妻子

人妻這個名詞常見於日本的AV影片，意思就是跟別人的妻子、已婚女性性交的意思，另一個常用的名詞則是熟女，這也是日本AV影片發明的，也可指已婚女性，後來擴張為散發成熟魅力的成年女性。

美國的成人影片也有類似的名詞，稱做MILF (Mother I'd Like to Fuck)，也是跟已婚女性打炮的意思。

做為影片，這自然是性角色扮演的一種（在現實生活中這稱為外遇），這種性角色扮演反映出一般直男對已婚女性的性幻想，這有可能是戀母情結，或喜好偷情外遇的刺激，或是一種對自己生活周遭已婚女性（例如隔壁的王太太）的意淫。

- -

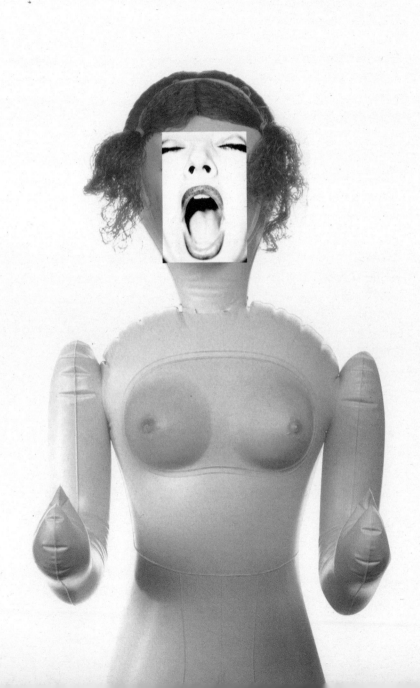

089
【強姦幻想rape fantasy】：
關於強姦或被強姦的性幻想

強姦幻想是想像強姦別人或被強姦的一個虛構故事，也作為一種性角色扮演的遊戲，由性伴侶扮演強姦者，假裝被強姦。這種性幻想很普遍，約有24%男人與36%的女人有過這樣的性幻想，而強姦幻想也是色情文學與色情影片使用很廣泛的一種題材，尤其在日本的AV影片中。

強姦幻想可能是因為人們想「安全地」體驗強烈的性，以及沒有罪惡感的一種方法，因為這不是他們的選擇，在劇本裡，他們是被強迫的。而當這種強迫涉及到支配與臣服時，它也是BDSM（綁縛與調教bondage & discipline，支配與臣服dominance & submission，施虐與受虐sadism & masochism）的一種。

要注意的是，一個人有強姦幻想「絕對」不代表想要被真正強姦。做為伴侶之間的遊戲或是腦海中的幻想，代表著人們希望把它控制在安全的範圍，而且處於可以停止它的狀態。所以千萬不要因為觀看了關於強姦幻想的影片，而誤以為這是別人所期盼的。

090
【性年齡扮演sexual ageplay】：
性伴侶扮演不同年齡的性活動

性年齡扮演算是角色扮演的一種，不過是以年齡為主要的扮演角色，也就是小孩，所以嚴格來說，它算是一種有點邊緣的性行為，如果一直都喜歡這種方法，甚至到真的去找小孩發生性行為，那就是戀童癖。而若是在玩年齡扮演的時候，會打扮演小孩的屁股或是玩一些醫療遊戲（例如灌腸），或是用命令與處罰的服從性遊戲，那就是BDSM的一種。

不過如同角色扮演一樣，一般夫妻跟情侶也會用這種方式增加情趣，例如，女性裝成小女孩問「陰莖是什麼」、「叔叔你在幹嘛」，男性裝成小男孩說「阿姨妳幹嘛脫我褲子」，都是一種性年齡扮演的遊戲。

091
【兒童色情child pornography】：
把兒童當作性對象的各種性活動

在世界各地，沒有一個地方的法律容許兒童色情的存在，台灣刑法認定未滿16歲的人對於性不具有自主能力，因此只要與16歲以下的人發生性關係，不管當事人的意願如何，都構成犯罪行為。但即使如此，雛妓問題仍然存在於很多國家之中。

台灣的雛妓問題曾經很嚴重，尤其集中在原住民少女，經濟上的弱勢是主要的原因。目前泰國與菲律賓的雛妓問題也是一樣，貧困的家庭往往寄望女兒賣春來改善家庭環境。

不過有人要賣，就表示已經存在了一個嫖雛妓的市場，這個市場的來源並不是戀童癖（嫖雛妓的人通常不是戀童癖者），而是一種不人道的沙文主義情結，它包含了處女情結，採陰補陽迷思「吃幼齒顧目睭（台語：眼睛）」，喜歡強勢控制性對象...種種原因之下，於是就嫖到了最容易擺佈的兒童身上。

雛妓除了處於一種不人道的工作環境（沒有人身自由，一天接客數十個，染上性病）之外，中斷求學造成缺乏知識與技能，少有轉業的可能，通常造成她們一生只能出賣皮肉，或是染上性病、毒癮，提早結束人生。

092

【Lolita】：
美國小說家納博可夫(Nabokov)寫的一本戀童癖小說

俄羅斯裔美國作家納博可夫在1955年發表的這本小說，一出版便成為禁書，內容是一個從法國移民美國的中年男子胡伯特（Humbert）迷戀上女房東的12歲女兒而發生的故事，女孩西班牙文發音小名為羅莉塔（Lolita），因此作為書名。這本書是第一本以戀童癖題材為主軸的文學小說，遂成為公認的此類作品經典。

這本小說被禁後並不著名，在1962年被電影導演史丹利•庫柏利克（Stanly Kubrick）改拍成同名的電影才聲名大噪（中譯片名：一樹梨花壓海棠）。

由於羅莉塔這本小說與電影的出名，使得這名字成為許多人在提及戀童癖時，用來形容少女的性吸引力的俚語。

另外，<一樹梨花壓海棠>是蘇東坡的一首詩，用來調侃80歲的張先納了一個18歲的妾。原文如下：「十八新娘八十郎，蒼蒼白髮對紅妝。鴛鴦被裡成雙夜，一樹梨花壓海棠。」

- -

093

【羅莉控Lolicon】：
LolitaComplex的略稱／就是戀少女情節

羅莉控就是從羅莉塔延伸而來的，Lolita＋complex=Lolicon。日文的「控」就是complex的意思，complex在精神分析上就是情結的意思。

羅莉控指的是：對未成年少女有興趣的意思。這個詞彙來自於日本再傳到了台灣，再變成以「羅莉」來形容那些樣貌衣著會使「羅莉控」極端喜愛（日語：萌え）的少女（例如：你看那個女生好羅莉喔），這些詞彙的發明與流傳，主要來自於ACG族群（Animation、Comic、Game的縮寫，也就是動畫、漫畫跟遊戲）。ACG愛好者是龐大的次文化消費族群，他們創造了許多次文化的流行名詞。

Lolita

094

【正太控Shotacon】：
ShotaComplex的略稱／就是戀少男情節

正太是日本漫畫家橫山光輝名著《鐵人28號》中以遙控器操縱鐵人28的男主角金田正太郎。他是一個穿西裝與短褲的小男生。

正太控指的是：對未成年少男有興趣的意思。這個詞彙從1980年代起因為蘿莉控的產生而相對的開始流行，大概是起源於日本動畫雜誌「FANROAD」的報導。

對於有動漫嗜好的性伴侶來說，ACG作品實在提供了很多的性角色扮演以及年齡扮演的有趣素材。

性

095

【香草性愛vanilla sex】：
指普遍大眾口味的性行為

冰淇淋最普遍的口味是香草冰淇淋,所以香草性愛指得就是最大眾口味的性行為。大致上就是一對伴侶,愛撫、口交、體內性交,變換體位,然後以高潮為結尾的性交。

不過就跟冰淇淋有其他口味一樣,性愛也有很多其他口味,一般香草性愛的實踐者或許有過吃其他口味冰淇淋的幻想,或是偶爾實踐過,不過大多數終其一生都沒有吃過別的冰淇淋,從未踏進性多元的領域。

- -

096

【群交group sex】：
泛指同時間內參與成員超過2人的性行為

常說的3p(player)就是群交的一種,也稱為threesomes(三人一組)。4p則稱為foursomes(四人一組)。群交是個不分性傾向的廣泛詞彙,任何一種超過2個人的性行為,都稱為群交。

群交因為人數多、花樣多,所以依照成員的不同組成,以及不同內容,有不同的細分項目。

- -

097

【串烤spitroast】：
一個人跟2個男性進行陰道或肛門性交時同時口交

Spit是烤肉叉的意思。當一個女性(或男性)跟兩個男性3p,其中一個男性進入女性的陰道或肛門(或進入男性的肛門),同時另一個男性被吹喇叭或深喉或對女性(或男性

）操口，這時中間那個人通常是採用狗狗體位（doggy position），因為像烤乳豬，頭尾各有一根棒子，好像烤肉叉穿過似的而得名。

098

【插兩根double penetration】：
一個女性跟2根陰莖／或其中一個按摩棒／同時陰道與肛門性交

Penetration是滲透、穿透的意思，也意指性器官的插入。double penetration，就是一個女性跟兩個男性3p，其中一個男性的陰莖進入她的陰道，同時另一個男性的陰莖進入她的肛門，也俗稱這種形式為三明治sandwich。

三明治也可以是一男一女的性交，加上一根假陽具或按摩棒來進行（所以若妳的男伴像個義大利咖啡店侍者問妳要single或double或想不想吃三明治的時候，妳最好要搞清楚他真正的意思）。

插兩根還有一些罕見的形式，像是陰道插兩根double vaginal penetration（一個陰道同時插入兩個陰莖），肛門插兩根double anal penetration（一個肛門同時插入兩個陰莖），或這兩樣同時進行的陰道肛門各插兩根double vaginal double anal（簡稱DVDA，目前還沒有證據顯示有人完成過）。

099

【密封包airtight seal】：
一個女性跟3個男性同時陰道／肛門性交與口交

Airtight是形容詞，表示密不透氣，seal是名詞，表示密封，一個密不透氣的密封，就是說要把所有的洞都堵起來的意思。

所以密封包，就是一個女性跟三個男性4p，其中三個男性的陰莖同時進入她的陰道、肛門與口腔，這就是密封包的意思。

100
【巧克力列車 chocolate train】：
一群男性排成一列或一環同時肛交

常聽的笑話，部隊要過河但是河裡的鱷魚會咬陰莖，於是他們把陰莖插入同袍的肛門渡河，這個隊伍，就是巧克力列車。

巧克力列車車廂（人）夠多的話，就可以組成一個頭尾相連的圈圈，這樣每個人都能同時享受到陰莖的快感跟肛門的前列腺快感，算是一群男性的群交形式中，相當刺激的一種方式。

至於巧克力這個字的使用其實是一種俚語的暗喻，就是大便。

101
【手槍圈 circle jerk】：
一群男性圍成一圈一起打手槍

有巧克力列車當然就有手槍圈，一個是肛交，一個是自慰手淫，總之都是一群男生一起玩的遊戲，Jerk在俚語中有打手槍的意思，所以Circle Jerk就是圍成一圈打手槍。

這除了是同志的一種群交遊戲之外，也常是直男（異性戀男）的一種活動。在住宿學校、軍隊和其它只有男性的環境中，尤其是有明顯階級差別（例如學長制）的地方，有時會舉辦這樣的活動。舉辦的目的可能只是比賽誰比較持久，或是為了玩弄新生或新兵。

102

【雛菊鏈 daisy chain】：
一群人圍成一圈一起口交

雛菊就是菊花，菊花就是肛門，由於肛門的形狀像菊花瓣，所以中外都一樣用菊花比喻肛門。

雛菊鏈可以是一群女性、一群男性，也可以男女都有，品玉、吹蕭、舔肛都可以，總之一群人躺下圍成一個口交的圈圈，就是雛菊鏈。

最小的雛菊鏈就是兩個人的69，3個人的雛菊鏈又稱等腰鎖（isosceles lock），這是因為3個人躺下來彼此口交，會形成一個等腰三角形的緣故。

103

【雙拼口味both flavours】：
同時幫一對男女口交

AV影片中常常有一男兩女的3p橋段，其中一個女性會幫性交中的男女口交，這稱為雙拼口味both flavours，因為她同時吃到了男生也吃到了女生。

flavour= flavor，是味道、風味，both flavours就像你買兩種口味的霜淇淋一樣，動一次口，享受兩種滋味的意思。

所以若有人問你／妳口不口交，又問你／妳吃不吃雙拼口味的話，就表示他想找你／妳3p的意思。

104
【拿破崙帽 Napoleon's hat】：
1個人躺下跟一個人陰道或肛門性交／同時對另一個人口交的性行為

AV影片中常有一男兩女的3p橋段，男性躺下，一個女性用騎乘體位與他陰道性交，另一個女性則坐在男性臉上，由男性為她口交，這就跟拿破崙的帽子一樣，兩邊翹翹的高起，所以得名。

拿破崙帽中的男性也可以是女性，只要她穿戴皮帶假陽具（strap-on dildos），上面的兩個女性也可以是男性，如果他們肛交並舔肛的話。

105
【幸運皮耶Lucky Pierre】：
在群交中同時幹與被幹的男性

除了巧克力列車之外，幸運皮耶一樣可以同時享受陰莖快感跟前列腺快感。這個詞彙來自法國，在英文國家也很流行，據說典故是有位法國的皮耶先生被他的一對男女朋友邀請一起作愛，當他與女性陰道性交時，男伴對他肛交，同時享受兩種性交，所以叫做Lucky Pierre 。這個詞彙也可以用在都是男性的場合。

Lucky Pierre 這個詞彙在英文國家很流行，搖滾樂團 Arab Strap 的成員Aidan Moffat單飛後的藝名就叫Lucky Pierre（專輯 Hypnogogia），似乎表明了他喜好的性愛方式。

106
【一男兩女或一女兩男MFF 或 MFM】：
3p成員的組成方式

當一對男女伴侶在討論3p的時候，通常第一個問題是第3個人是男的還是女的？也就是要MFF 或 MFM的問題。

M是male（男性），F是female（女性），MFF（也做FFM）就是一男兩女（兩個女性會彼此性交），MFM是兩男一女（兩個男性彼此不性交）。特別注意的是字母的排列通常另有寓意，像MMF（也做FMM）就表示參與的兩個男性會彼此性交，獲威尼斯影展最佳劇本獎的影片「你他媽的也是」(And Your Mother Too)，兩個男孩與表嫂的一場狂歡性愛就是MMF（幸運皮耶也是這種，或MMM，也就是3M）。

4p複雜些，MMFF兩個男性和兩位女性都彼此做，MFMF是兩對異性戀， MFFM 是男性彼此不做，女性彼此會做。FMMF是男性彼此會做，女性彼此不做。

基本上排列的原則是：離得遠的字母彼此不做，靠在一起的做。

對於一個異性戀男來說，FFFM 這種三位女性的4p（當然如果你喜歡，F的數量你可以自行增加），才真是夠幸運的了（他們可能不認為皮耶是幸運的吧）。

另外，在BDSM族群或更講究性內容的性饕客，字母的大小寫也有意義，大寫代表統治，小寫代表服從。

所以FmF 會是兩個女王調教一個男性奴的意思，Ffm 則是一個女王調教一對異性戀，而且女王會跟其中的女性做的意思。

這個千萬要搞清楚，萬一你是個直男，興沖沖的想參加FMF卻跑去FmF的話，等你的可是兩個女王，而不是任你擺佈的小綿羊喔。

107

【大鍋炒gangbang】：

一群人跟同一個人性交

FFFFFF......M或MMMMMM......F，就是大鍋炒。gang是口語一夥的意思，bang 是砰然作響，俚語中也表示性交（就像現在有人用「嘿咻」代表性交一樣），所以 ganbang指一群人跟一個人性交的意思。

不同於其他群交自由交換性對象，ganbang是特別指跟同一個人性交的性行為，而這 必須是自願的，否則就是gang rape，輪暴。

大鍋炒是個中性的詞彙，可以指一個女性或一個男性跟一群人的群交活動。大鍋炒 除了存在於人們的性幻想之外，在色情工業已成為一種「專業」的形式，他們會舉辦 ganbang比賽，看誰能在一樣的時間內跟最多人性交。

在台灣最廣為人知的例子是新加坡女性鍾愛寶，1995年鍾愛寶拍攝電影「The World' s Biggest Gangbang」在攝影棚內與251人性交10小時。

到2004年，ganbang比賽記錄是919人，由美國AV女優Lisa所創，2003年的紀錄則 是波蘭AV女優Marianna的759人。

目前這種專業的ganbang比賽（比賽公平性的規則）規定總時間12小時，參與者跟 主角之間性交的時間不得低於30秒，不能超過60秒。比賽在上午9點開始，2004的 gangbang 冠軍Lisa在晚間8點47分達成919人，第二名的Patricia則是898人。

108

【性放浪swinging】：
與情人之外的人性愛／拒絕傳統一對一的約會

這是北美性放浪俱樂部協會（NASCA，North American Swing Clubs Association）對swinging的定義。換句話說，就是不要死會的性生活（但通常也擁有一個固定的關係），他們並使用一個複合字eromance（erotic+romance），表示他們追求浪漫的性生活。

當今台灣社會婚前劈腿、婚後外遇都十分普遍，可以說許多人都在追求浪漫性生活，符合NASCA的基本定義，不過swinging不是「偷吃」，有欺騙cheating與隱瞞的劈腿與外遇，不能稱為swinging，swinging是一種公開的性態度與生活方式。

Swinging的活動包括性交與觀看，若是觀看其他人性交，有親吻、愛撫、口交但沒有進行陰道或肛門性交的話，這稱為soft swinging（也就是不夠hardcore硬蕊的意思），一般所稱的swinging，通常不是軟的，都會發生性關係。

交換伴侶（例如換妻wife swapping）是swinging最常發生的活動，也幾乎是這個詞彙被認定的定義。典型地swinging活動是一對伴侶與另一個人，或另一對伴侶，分開在不同的地方性交，或者一起群交。

1997年李安的電影「冰風暴The Ice Storm」就有swinging的內容（換妻）。

另外，swinging也意指時髦、熱門的，所以若有人跟你／妳說Room 18 is a swinging nightclub的時候，你／妳可別誤會Room 18是個交換性伴侶的俱樂部。

├---┤

109
【開放婚姻open marriage】：
一個開放除了配偶之外的人參與性生活的婚姻

接受其他人一起享受性行為的婚姻稱做開放婚姻，如果是還沒結婚的戀人，則稱為開放關係open relationship。

開放婚姻需要坦白與溝通，如果偷偷各玩各的，那是各有外遇，不是開放婚姻。在開放婚姻中彼此行為的界線在哪裡，是由配偶兩人共同討論溝通出來的，這是開放婚姻的原則。

開放婚姻者仍然把配偶與家庭的重要性擺在第一位，換句話說，這是一個誠實面對配偶兩人性需求的婚姻關係，他們選擇繼續這個婚姻，而不是結束這個婚姻。

- -

110
【三人行polyamory】：
超過一個伴侶的親密關係

不管是三人行還是六人行，只要不是一對一one by one的親密關係，就是polyamory，也就是不只兩個長期固定成員的伴侶關係。

polyamory 是一個新的複合詞，poly是「複數」，amor 是拉丁語的「愛」，愛的人不只一個，但是沒有偷偷摸摸，公開的接受彼此，就是polyamory。

三個人的情況最多，法文的Ménage à trois（等於英文的threesomes）就是指「三個人的家庭」，原指長期的關係，後來也引伸到短暫群交的三人一組。

polyamory跟開放關係不同，很多polyamory是不open的，也就是說，他們只跟自己的愛人做愛，不會跟別人做，所以當然他們也不是swinging。通常polyamory就是一段三角戀愛，然後他們承認這個現實，接受了彼此。

111
【交換伴侶closed group marriage】：
朋友之間的性伴侶交換行為

Marriage在此並不是婚姻，而是密切結合的意思。這種活動當然是連男性一起換，不過中文社會卻只習慣稱為：換妻wife swapping。這其實反映了一種男性的沙文思想，結了婚的女性被視為財產，可以拿來交換。

這種方式的愛好者認為這是一個安全性愛圈（safe sex circle），比起跟陌生人往來，可以降低可能的危險（性病、偷拍...）。這些成員通常必須遵守套子承諾（Condom Commitment），即跟安全圈之外的成員性交，一定必須使用保險套，也鼓勵成員定期健康檢查，追求彼此安全的性行為。

這種活動的人數可以很多（只要朋友夠多、地方夠大），不過通常是由兩對伴侶組成四重奏（Quad）開始。

如果交換伴侶之後分開一對一性交，這不是群交，一起性交並交換性對象，則是foursomes（四人一組），也就是4p。

112
【交換補給線line marriage】：
補給線是指定期招攬新血／讓安全性愛圈不斷擴大的互換性行為

交換伴侶對一些人來說不夠縱慾，也容易沒有新鮮感。於是補充新血就成為另一種選擇，基本上這仍屬於交換伴侶的範疇，也就是成員基本上變化不大，但是會偶而加入新人來賓。

Line Marriage這個英文詞彙首次出現在科幻小說家海萊茵（Robert A. Heinlein，1907-1988）的小說「The Moon Is A Harsh Mistress」（1966年出版，1967年獲雨果長篇小說獎）是第一個替這種制度命名的。這本小說的內容是關於月球成為人類罪

犯流放殖民地展開革命的故事,這個月亮世界因為男女比例懸殊的關係而發展出了不同的婚姻制度與性生活模式,交換補給線就是其中一種。

另外,被譽為80年代最好的女聲錄音之一,跟小說同名的著名歌曲「The Moon Is A Harsh Mistress」,收在挪威女歌手Radka Toneff在1988年的專輯「Fairytales」之中(拿這首歌來作交換活動背景音樂的話,那表示你/妳真是內行到不行)。

113
【隨性做casual sex】:
沒有固定成員與關係/自由的發生性關係

衣服穿得很休閒可以說他穿得很casual,而a casual evening with friends,是說跟朋友過了一個輕鬆的晚上,casual sex,就是很休閒而輕鬆的有性行為的意思(愛撫、口交、性交……都算)。

要交換伴侶,要補給新血,要討論關係開放的程度……都需要計畫跟規矩,有人覺得太嚴肅了,他們想要casual一點,忘掉規矩,不用界定關係,不用在意人數,也不用各自介紹,一切萍水相逢,一切放輕鬆,一場隨性的性愛,就是casual sex。所以,casual sex可以是沒有交換伴侶或成員審核的群交,也可以是跟認識的或不認識的人的偶而一對一性交。

跟「隨性做casual sex」很相近的一個概念是「自由愛free love」,自由愛認為愛與性不應該被限制在一個固定的關係中,自由愛,追求情感與身體的絕對自主與自由。

114

【轟趴\orgy】：
有性行為的狂歡派對

古代叫酒池肉林，現代叫轟趴，轟趴是home party的中文諧音，意指在家開狂歡派對的意思，不過轟趴不一定要在家，在飯店、旅館舉行的狂歡派對也叫轟趴。

Orgy這個字有「無限制放縱」的意思，尤指性行為的縱慾，英文用orgy表示狂歡群交的派對，跟其他不是派對的群交活動以示區分。

1999年庫柏力克的電影＜大開眼戒＞(Eyes Wide Shut)中，妮可基嫚與湯姆克魯斯飾演的一對夫婦，就是去參加一個轟趴orgy，因而大開眼界。

115

【打野炮public sex】：
在公共場所性交

都在家裡或旅館這種私密空間關起門做對有些人實在不夠刺激，美國導演伍迪艾倫1972年的電影＜性愛面面觀＞(Everything You Always Wanted to Know about Sex but were Afraid to Ask)第三段＜Do Some Women Have Trouble Reaching Orgasm？＞ 中的老婆就有達到高潮的問題，伍迪艾倫飾演的丈夫在家一試再試都無法讓妻子達到高潮，直到他們打了野炮，妻子馬上達到高潮，於是兩人從此開始打野炮，享受他們刺激而激烈的性生活。

喜歡車震（car fucking）的人稱為車床族，車震，也是打野炮的一種方式。很多人都有打野炮的經驗或幻想，車上、停車場、海邊、山上、辦公室、公園、洗手間....都是野炮常發生的地方。

另外，口語也常用dogging這個詞彙來表示public sex，跟中文說「狗男女」有異曲同工之妙，這個詞彙來自英國，流行於英文世界，這個字也包含：「偷窺別人public sex」的意思，所以如果你／妳只是看，沒有做，那你／妳是dogging，不是public sex。

116

【公廁炮cottaging】：
在公共廁所裡打炮

cottaging這個詞彙是從cottage這個名詞發展而來的，cottage的原意是小屋、農舍，後來也表示公共廁所。在台灣則稱為「四腳獸」，以一間廁所裡面有四隻腳而得名。

公廁炮一般比較常發生在同志圈，尤其在歐美的男同志，廁所、澡堂、三溫暖...都是他們常打野炮的地點。

有趣的是，在全球最大的性行為網路調查「Durex 2005年全球性行為研究報告」中，曾經有過的性行為特殊地點，台灣男女就以廁所居冠，41%的受訪者曾經在廁所做愛，顯然台灣的異性戀男女也蠻喜歡這個地點的。

另外在1998年 4月7日，從Wham！合唱團出道的George Michael，在洛杉磯因為cottaging被起訴公共猥褻罪。所以，不管是打野炮、公廁炮，都要記得會有法律問題（也許就是因為這樣才覺得刺激吧？），請小心。

- -

117

【皮繩愉虐BDSM】：
用來指稱綁縛與調教／bondage & discipline／即B/D）／支配與臣服（dominance & submission，即D/S／施虐與受虐（sadism & masochism／即S/M）的一個集合用語。

皮繩愉虐是台灣BDSM社群的翻譯，不過這個中文詞彙目前尚未被廣泛流傳。雖然其中有施虐與受虐這樣的字眼，不過正常的BDSM活動典型目的是為了讓彼此歡愉，所以不能把BDSM和性虐待（sexual abuse）混為一談。

根據估計，在歐美國家BDSM行為的普及率大約佔成年人口的5%到10%。大多數的北美、西歐主要城市都有BDSM的俱樂部、派對。另外也有一些定期集會，譬如Living in Leather、Black Rose。舊金山每年九月最後一個週日並會舉辦「佛森街博覽會」（

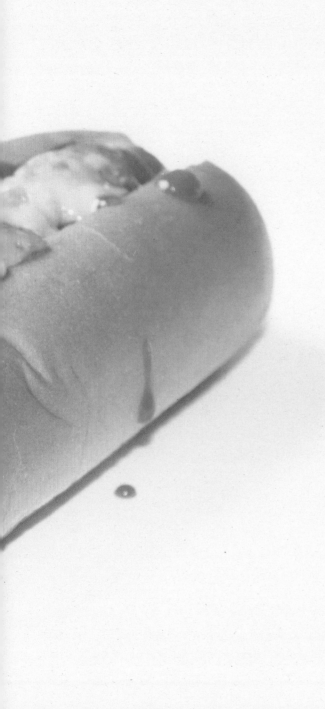

Folsom Street Fai），從早上10點到下午6點BDSM愛好者會設立攤位和同好交誼（非定期的輕鬆聚會則稱為munch）。

有些BDSM玩家擁有多重性伴侶，有些則是單一性伴侶，和其他人進行沒有性交的BDSM遊戲，或是一對伴侶可能在某些時候進行BDSM性行為，其他時候則進行普通的性行為。所以，BDSM是一個任何性傾向、喜好固定關係或不固定關係的人，都會實踐的一種私密或團體的活動，而且不一定有傳統的性交發生。

118

【大聲嚼munch】：
BDSM族群的非正式輕鬆聚會

munch這個字是：「吃東西嚼很大聲」，在BDSM族群則用來表示一種非正式的團體聚會，所謂非正式的意思，就是說通常不會有BDSM的性活動，所以參加munch是不會看到大家帶著道具，穿著皮革或女王裝的。

而munch的地點也常常不是BDSM族群的俱樂部之類的地方，常常是一個香草地點（就是指一般人出入的場所，例如，咖啡廳、茶藝館......等等正常的地方），參加者除了BDSM族群之外，也常有一般香草性愛者參加，可能基於好奇或是剛要入門，這些人跟BDSM族群互相認識、交換經驗，大家輕鬆的聊天。

119

【綁縛bondage】：
綑綁身體造成自由限制的一種性活動

綁縛bondage有很多不同的形式，最常見的是手銬，一般異性戀夫妻，也會將手銬視為性道具的一種，可以增加情趣。法國時尚品牌dinh van最經典、暢銷的手鐲也是「手銬」系列，似乎一般人對於手銬還蠻能接受的（相較於項圈跟繩子）。從心理層面，綁

bondage

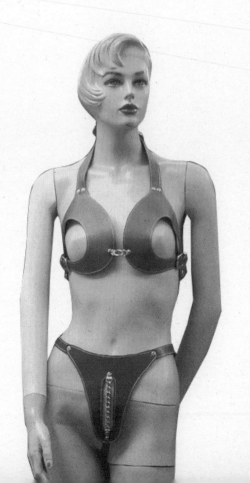

縛會加強一種歸屬感與親密感（我是你的），生理上來說，是一種感官上的刺激。

綁縛可以有很多道具（皮帶、保鮮膜....只要能綁人的都可以），當然一般人用手把性伴侶的手按住，也是最基本的一種綁縛出發點。換句話說，綁縛是一種「控制權的延伸」。從感情關係來說，也許手機才是這個時代最普遍的「綁縛工具」，一種高科技的電子項圈（去向在主人的手中）。

1994年美國導演昆汀塔倫提諾的「黑色追緝令Pulp Fiction」，黑社會老大（文萊姆斯）跟他所下令追殺的拳擊手（布魯斯威利）就有一場被綁縛的重裝備場景，有手銬、腳鐐，將他們固定在牆邊，然後嘴也被堵嘴球堵住，形成非常有張力的一個場景。

120
【堵嘴gag】：
在性活動中將嘴堵住

堵嘴最主要的目的當然是讓人發不出聲音，發不出聲音就無法求救，所以會產生無助的感覺，就像電視中壞人千篇一律的台詞：「再怎麼叫也不會有人來救你／妳。」

無助以及屈辱，或僅是簡單地剝奪自由，是sm與綁縛的不同目的，在綁縛中除了限制手腳自由，也常限制口舌的自由。而sm的堵嘴則會伴隨不同的活動，例如鞭打或性屈辱，來營造無助的感覺。

堵嘴可以用隨手可得的毛巾，或專門的道具堵嘴球、堵嘴環或堵嘴管，堵嘴球是完全的封鎖，堵嘴環在上下有些空隙，堵嘴管中空，可以用來灌一些飲料或液體，在古代的刑求中，常常用這種方法強灌犯人喝水。所以看到別的都還不用擔心，要是看到堵嘴管，那可能事情真的大條了，考慮說出你／妳的安全暗號（safe word）吧。

【 shibari 】

121

【繩縛shibari】：
專指日本用繩子綁人的性活動

在奴役中，繩子是個很專業的道具，一般人不懂如何使用，可能會受傷。在日本有所謂的「繩師」，技藝最早源自江戶幕府時代的拷問術（笞打、石抱、繩綁、懸吊）與「捕縛」技術，又經過現代繩師的創意發展，所以發展成一個很專業的領域，有各種不同的繩子技藝與綁法（龜甲縛、高手小手縛......）。

繩子必須經過處理，煮過、晾乾再上油，才不會摩擦傷到被綁者的皮膚，長度大約7、8公尺左右，粗細直徑6到8mm。

2005年4月下旬，日本繩師明智神　曾在台北白水生活劇場表演了三天五場的繩藝，活動名稱為「夜色繩艷」。

台灣這方面剛剛起步，有些愛好者會拜師學藝或同好彼此切磋，但是人數還不多，所以想要碰到一個懂shibari的人，還有點難。但是總之，如果看到性伴侶拿出麻繩的話，記得先問繩子處理過沒有，要是連麻繩要處理都不知道，就直接把他／她踹開，免得自己受傷。

122

【調教discipline】：
用規則與懲罰控制性伴侶的行為

規則的可能範圍很大，可能是穿圍裙做菜時不准穿別的衣服，或是早上要用吹喇叭的方式叫我起床，只要兩個人高興，規則隨便定。不過有規則，當然就有懲罰，這樣沒有遵守規則的時候，才能懲罰對方。而懲罰可能是物理上的痛（例如打屁股）或是權利的喪失（例如，這星期不准做愛）。

調教是一種「語言上」的控制（綁縛是一種物理上的控制），是性關係中的馴獸師，他

們享受調教性伴侶的權力。而被調教的人，也喜歡被稱讚或是被懲罰。善用馴獸師的糖果跟鞭子策略馴養自己的伴侶，一步步讓他／她向自己的性嗜好靠攏（或是被調教者其實本來就有BDSM的嗜好只是缺人引導），就是調教。

123
【支配與臣服dominance & submission，即D/S】：
一個人扮演支配的角色／另一個扮演服從角色的活動

支配與臣服常牽涉到角色與情節的扮演，例如主人／奴隸、警察／囚犯、老師／學生、主人／僕人或寵物等等。如果是扮演醫生跟病人或護士，有個專有名詞叫做：「醫療臣服medical submission」，意思是臣服於羞辱或痛苦的醫療過程之中。

支配與臣服的核心就是「權力」，所以會常常扮演一些公權力（警察與囚犯），專業權力（醫生跟病人、老師與學生）的角色，當然也有脫離這些現實社會角色的支配者，就稱主動權發號司令的為top（上方），被動接受命令的是bottom（下方）。

主人master跟奴隸或性奴slave也是另一種稱呼，主奴關係，常常是種長期的關係。

支配與臣服可能是一次活動，也可能是一個長期的活動，有些以一年為期的約定契約，雙方同意在一年中進行支配與臣服的關係，直到約定時間到期。

一般認為臣服者的動機可能包括了從責任中解脫、成為關注與情感的投射對象、獲得安全感，而服務型（service-oreiented）的可能內心懷有一種想「被使用」的慾望。而支配者則享受控制別人、展示權力、與擁有所有權的快感。

124
【項圈collar】：
就跟狗狗帶的那種一樣／是BDSM族群中臣服者的裝備

項圈有兩個意義，一個是「有主人的」，一個是「被寵愛的」，就跟幫寵物戴上項圈開始奠定主人與寵物關係一樣，支配者幫臣服者戴上項圈，也是有很類似意義的，是一個認定主人的意思（跟戒指的意義真像）。

項圈這個英文字在主奴關係中還有兩個變形，一是collared，被圈住了，代表主奴擁有了彼此，這常常用來表示一個親密的戀愛關係。第二是collaring，正在圈，這是一個主奴關係確定的儀式，很像婚禮，只是當然不會有證書就是了。

在老一輩的主奴族群中，collaring要分成三個階段，很像一般人的約會、訂婚、結婚，三個階段的項圈都有不同的形式跟寓意義，來界定彼此的關係，不過新一代的主奴族群並沒有這麼嚴格遵守。不過即使如此，戴項圈對主奴關係來說仍然是非常重要的一環。

所以項圈在top與bottom間可能僅是一次活動的道具。在dominant跟submissive間意味「承諾」，表示兩人之間權力交換的證據，通常是一個約定好的時間之內。而在master跟slave之間，項圈表示「擁有」，奴隸戴上了項圈通常表示，除非主人不要奴隸，要不然他／她就是這個主人的奴隸。

- -

125
【性奴拍賣auctioned off】：
支配與臣服的一種／主人將性奴拍賣給最高得標者做短期使用

拍賣是一種展示所有權的形式，原是主人master與性奴slave之間的一種遊戲，以訓練性奴絕對的服從。不過目前已經在一般社會中廣為流行，常常在一些派對中作為炒熱氣氛的一種活動，不過當然，一般社會中的拍賣，並不涉及性行為，常常只是一頓晚餐或一晚的約會。

至於主人與性奴之間的拍賣，性奴是被支配的，所以被賣過去的時間新主人要做什麼，性奴是要臣服的。

關於這個主題最著名的電影是1975年上片的＜O孃的故事＞(The Story of O」，這是1954年出版的法國情色文學小說，故事是關於一個巴黎女攝影師O，死心踏地愛著男友勒奈，勒奈為了改造O孃，讓她能自由自在的享用性愛，便將她送進魯瓦西的古堡接受調教，讓O孃因為愛他，而接受跟別的男人做愛。

這，就是典型的性奴。

126
【後宮harem】：
一群性奴／少數的主人

harem這個名詞的意思是回教徒的婦女房、閨房，也指這空間中的的妻妾女性。

當一個主人擁有不只一個性奴而是好幾個，就是後宮的意思。這個詞在BDSM族群可以當作一種性嗜好使用，例如兩個人在聊天，一個說：「我玩sm，你呢？」，另一個回答說：「我玩後宮。」就表示他志在培養一群屬於自己的性奴。

當然，可能有2個主人或3個主人，一起建立一個後宮，就跟電影「O孃的故事」中女主角O孃被男友送去的魯瓦西古堡一樣，主人們可以分享彼此的性奴。

127
【玩貞操chastity】：
使用貞操帶（chastity belt）或雞籠（cock cage）限制伴侶與他人性交的可能

常常看到古代國王給皇后戴上貞操帶，不管有沒有後宮，做主人的也有人愛玩這個（當然，這也是所有權展現的一種方式）。

貞操的觀念是一種性高潮的否定（orgasm denial），這是西方教會文化長久以來的一種觀念，其實時至今日在西方社會仍有很多人抱持著這種觀念，而這種性壓抑到達一種程度之後，也成為BDSM中sm文化的一種。

而除了發生在主人與性奴之間，也可以作為調教的一種懲罰，不過此時就跟高潮否定無關了，通常是一種高潮延遲的快樂（更期待被解開可以做愛的時候）。

128
【施虐與受虐sadism & masochism，即S/M】：
因為給予或承受痛楚而帶來快感的行為。

sadism（施虐）和masochism（受虐）是分別來自於Marquis de Sade（薩德侯爵）和Leopold von Sacher-Masoch（梅佐克）這兩人的姓氏，他們的著作所描寫的相關情節令人印象深刻，於是便成為這兩個族群命名的來源。

不過目前有人提出擴充的解釋，認為sm不只是痛楚，而是「感官」，如搔癢、冰塊、捏夾（pinching）、指甲摩擦（stroking）或抓擦（scratching）也都是常玩的遊戲。

有些人以為sm只有痛楚，其實在生理層面上，一定程度的痛楚會造成腦內嗎啡（endorphins）的釋放，製造出一種類似激烈運動或高潮過後餘韻的感覺，BDSM實踐者將之稱為：「flying」。

不過可不要以為只要夠痛就會飛，sm是需要高度技巧的一種活動，有些人將一場熟練專業的BDSM遊戲比喻為音樂的作曲與演奏，每個感官刺激都好像是一個音符，不同的感官刺激用不同的方法結合，就是首首不同的樂章。

129
【安全暗號safeword】：
用來暗示停止遊戲進行的詞彙。

有些BDSM族群強調SSC（safe, sane and consensual）原則，也就是安全、理智與同意，也有些人用RACK（Risk Aware Consensual Kink）強調要有風險意識，SSC與RACK的差異在於對風險以及對底線安全的不同，但無論如何，安全暗號都是必須的。

所以在遊戲前，參與者會討論他們生理與心理的底限，建立安全暗號，即用來停止遊戲進行的詞彙，並且設定他們即將進行的活動內容範圍。

每個人喜好的性活動強度不同，若沒有事先的溝通與安全暗號的設定，活動可能過於危險，所以當支配者與臣服者其中一方不舒服，安全暗號就可以將問題警告給支配者，或立即停止遊戲。

有些人會用紅綠燈來表示安全暗號，講黃色表示我快受不了了，而講紅色就是我們停吧，如果被堵嘴，可以約定咕嚕咕嚕三聲之類的。總之，安全暗號必須是一般人在性活動中不會說的話，才不會造成誤解（總不能設定I'm coming做安全暗號吧？這樣叫誰會覺得你想停止呢？）。

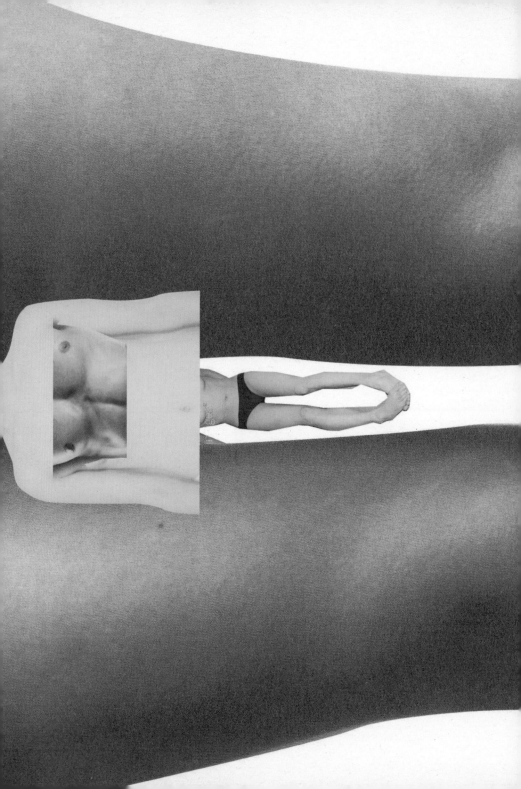

130

【玩感覺sensation play】：
探索感官刺激的性活動

滴蠟屬於玩感覺的一種，繩縛也是，玩感覺的範疇很大，它是一個統合名詞（有許多次分類），任何以感官刺激為目的的性活動，都是玩感覺的遊戲範疇。

例如，將眼睛綁起來，皮膚的觸覺會更敏銳，此時輕輕的觸吻或用羽毛、絲巾、皮草觸撫對方，輕輕的搔對方，都是玩極小極輕與不同材質的觸覺。用冰吻跟滴蠟則是玩溫度。咬、夾跟抓則是輕微痛覺，鞭打則是更大的痛覺。而繩縛則有麻、酸、痛……不同的感覺混雜。

玩感覺有很多輕鬆的遊戲適合一般人當作前戲與後戲使用，也很適合作為踏入BDSM世界的初階段遊戲。

玩感覺當然也有很多不輕鬆的遊戲，像是「玩火」(fire play)，「玩穿孔」(pierce play)，「玩針」(needle play)，「玩刀」(knife play)，「玩槍」(gun play)，「玩邊緣」(edgeplay)。也有不同程度的「玩打擊」(impact play)，像是「打屁股」(erotic spanking)，「鞭打」(flogging)，「板子打」(paddling)，以及「藤條打」(caning)。

131

【打屁股erotic spanking】：
在性交中或性角色／性年齡扮演中打對方的屁股

有些人會在性交過程中拍打對方的屁股（通常是男對女或男對男，以狗趴式最普遍），或在性角色、性年齡扮演中，以師生、父母子女、獄卒犯人之間的處罰方式來打對方的屁股。

打屁股可以用手掌、拿尺、皮帶、藤條或鞭子等，打時通常是光屁股，有大腿癖和絲襪癖的人則喜歡對方穿迷你裙、高跟鞋或絲襪。

有人認為打屁股的快感是因為痛楚釋放腦內嗎啡，有人認為是因為造成骨盤附近充血，使得附近跟性器官相鄰的神經叢更加敏感。

另外，在扮演師生或父母子女時的打屁股，常常是把對象放在自己的膝蓋上打，這有個專有名詞，叫做OTK（over the knee）。

132
【鞭打flagellation】：
用皮鞭打對方的性活動

鞭打是性虐待常用的方式之一，施虐者藉此而獲得快感，而受虐者也有一部分人喜歡被這麼做。通常性虐待的鞭打會使用不容易造成傷害的散尾鞭，這種鞭子使用時會造成疼痛感，但不容易真正受傷。

鞭打很常跟綁縛一起進行，先把人綁起來再打，要不然滿屋子怕痛跑來跑去，可能很難打到。

133
【滴蠟wax play】：
將燒熱融化的蠟燭滴在對象的身上

皮膚是面積最大的性器官，除了輕重之外，「溫度」也是一種玩法（所以有冰火），而滴蠟大概就是最普遍的一種高溫玩法。

一般蠟燭的熔點約在攝氏54到57度，蠟油距離被滴者1米的話，溫度會下降約5度，但是太高會有潑濺的危險，除了眼睛要絕對避免之外，頭髮、毛髮滴到也會特別難處理，而一般皮膚上，可以用信用卡這種硬卡片去除，也可以在滴蠟前在身上擦上乳液或按摩油，這樣去蠟會更容易。

情趣商品中也有低溫蠟燭，除了標榜蠟燭的成分與香氣之外，熔點大約是50到52度，相較於一般蠟燭比較安全。

滴完蠟可以接著來個冰吻（snow kiss），嘴裡含著冰塊吻對方的皮膚，享受一下溫差的滋味。

134
【灌腸enema】：
用各種可注型器具注入液體／從被灌腸者肛門注入使其排泄

灌腸是一種便秘的醫療方法，也是常見的一種性活動。作為性活動，灌腸滿足了一些肛門性慾者的快感，或是作為肛交前清理排泄物的方法。

在主人與性奴的遊戲中，則作為權力支配的展現，例如故意考驗性奴的忍耐力。而若是在屎尿癖者的活動中要玩大便，那灌腸更是必備的遊戲。

135
【陰肛刺激figging】：
將生薑或胡椒等帶有刺激性的東西插入陰部或肛門中

據說figging，將薑或胡椒插入肛門或陰道，灼熱燃燒的感覺將帶來強烈的快感，有些BDSM嗜好者認為這麼做會增加血液流到性器官可能會有更強而有力的高潮（中國人有喝薑茶禦寒的習慣，要是懶得煮，塞一根看看，應該也有禦寒的效果）。

不過凡事都要適可而止，在台灣曾有一位男性是用針筒注射辣椒汁到自己的陰莖去，結果造成細胞壞死，最後只好截肢（對！就是截那一支），這樣就實在是太刺激了。

136

【窒息性性愛erotic asphyxiation】：
施虐者控制被虐者呼吸的性行為

在1936年，日本發生了轟動一時的「阿部定事件」，在東京的一家酒館，一位名叫石田吉藏的商人遭情婦阿部定作窒息性性愛勒斃，其後阿部定將吉藏的生殖器割下放在身上，到街上游蕩，四天後被發現，震驚日本社會（這個事件後來被日本導演大島渚拍成電影＜感官世界＞在1976年上映）。

65年後的2001年，在台灣發生了轟動一時的「台北大學男學生箱屍命案」，死者也是一樣死於窒息性性愛。

窒息性性愛是在做愛的同時，扼住對方的脖子，讓腦子缺氧，容易陷入昏迷的狀態，有人認為這可以提升高潮的強度，不過也有醫學界人士認為這是一種迷信。

會不會提升高潮強度有爭議，沒爭議的是這的確是危險的事情，可能造成腦細胞損傷，以及死亡。

所以在參與之前，請先瞭解風險，並做好醫療的準備（例如氧氣筒），這樣比較保險。

137

【痛得好good pain】：
好的被虐經驗

就跟一般人的香草性愛一樣，有時候得到很好的高潮經驗，有時候作了後悔的壞經驗，sm當然也是一樣，有的經驗好，有的經驗不好，好的經驗，就是痛得好good pain。

受虐雖然都會痛，但是痛是過程不是目的（就像抽插是過程而不是目的一樣），如果痛了半天卻痛過頭，痛到覺得沒有價值，也覺得缺乏情感上的交流，那就是痛得不好，是個bad pain。

所以一般人在聽到朋友做愛後常會問：爽不爽？而sm族群則是問：痛得好不好（good pain or bad pain）？

138
【戀物fetish】：
對某樣無生命物品的迷戀

在這個消費社會幾乎人人戀物，從LV的包包到香奈兒的香水，從雙B汽車到Manolo Blahnik的高跟鞋。現代人習慣從品牌建立自己的地位，從品味肯定自己的價值，有誰不戀物？

至於戀物戀到沒有這個「物」，就沒辦法興奮，甚至沒辦法高潮，就成了戀物癖（sexual fetishism）戀物癖的種類形形色色、五花八門，常見的有戀乳癖breast fetishism，戀靴癖boot fetish，戀足癖foot fetishism，戀褲襪癖pantyhose fetishism或戀尿癖urine fetishism。

139
【戀足癖foot fetishism】：
對足與鞋襪的迷戀

男性對女性足部的迷戀很正常，一雙穿著漂亮好鞋的腳常會讓人砰然心動，我們祖先是戀足癖的先鋒，搞出了三寸金蓮，而西方著名的童話故事灰姑娘中的王子那麼堅持對象腳的大小，其實也是個十足的戀足癖。到今天就更不用說了，連女性都很迷戀鞋子、收集鞋子（時尚文化本來就是戀物文化），而成人影片的女演員更是一定穿著高跟鞋或吊帶襪、網狀絲襪。

有趣的是，在台灣婚禮的宴會上常常流行讓新郎用新娘的高跟鞋裝酒喝下去，頗有點戀足癖的氣味存在。其實從生理上來說，足部本來就有很多穴道與末稍神經十分敏感（所

以搔腳底會那麼癢），現今流行的足浴，若當做前戲，洗乾淨後按摩、搓揉、舔吻對方的腳，或讓對方的腳踩自己，或腳交，也會很有趣。

140
【戀乳癖breast fetishism】：
對乳房的迷戀

一般說來戀乳癖比戀足癖要普遍許多，尤其在台灣社會，大眾傳播媒體常常以女明星的胸部做文章、拍照片，可以說整個社會都有相當程度的戀乳癖情結存在。

對乳房的迷戀很大一個成分是對尺寸的迷戀，這也稱為大乳房癖large breast fetishism，有些生物學家認為這是基於動物擇偶本能的一種選擇（這樣小孩一定吃得飽），有些則認為是因為乳房跟屁股形狀相似，大屁股可能生產比較順利，所以男性也會對大胸部有這樣的看法。

不過到了今天，剖腹生產以及餵乳都很方便，這種生物學上的解釋只能解釋這種喜好的一小部分，大眾傳播的持續強化傳播此一價值，應該已經成為目前戀乳癖最主要的原因。而在這種文化下，也產生了以大胸部（F罩杯）為主要特色的女性藝人團體（F4）出現。

141
【黃金雨golden showers】：
小便在別人身上或讓別人小便在自己身上

這是戀尿癖的一種行為，最軟調soft的黃金雨是「看」，再來是尿在身上（在＜慾望城市＞中女主角凱莉就曾碰過男人叫她尿在自己身上），再來就是「喝」。

加上暴露癖的黃金雨則是喜歡公開小便給別人看，加上年齡扮演的話則可能是一段小

孩尿床導致父母處罰的情節，在sm活動中則可能當作一種屈辱的形式。至於喝尿的尿療法，並不能歸類為戀尿癖，因為他們並不是「喜歡尿」而這麼做，通常是因為相信對健康有益。

另外，喝到伙伴的尿帶甜味的話，記得叫他去檢查有沒有糖尿病。

142
【皮革癖 leather fetishism】：
對皮革的迷戀

在BDSM族群，皮革癖是一種普遍的嗜好，皮革的質感、摩擦的聲音以及氣味，都會讓皮革癖者感到刺激。

目前的sm服裝大多都是以皮革製造，項圈或皮鞭等道具也是，這種皮革愛好大量的呈現在許多物品，以及個人的服裝上面。對於這些現象，統稱為「皮革次文化leather subculture」，想多瞭解這個文化，芝加哥的皮革博物館（Leather Archives and Museum）是最好的一個地方，也是皮革自豪族（Leather Pride）的聖地。

皮革自豪族屬於BDSM族群，並且是很重要的BDSM文化來源之一。就像同志有彩虹旗一樣，他們也有自己的旗幟。不過隨著環保意識與動物權的抬頭，在BDSM族群中很多反對使用真皮的人，所以現在發亮的人造皮（PVC聚氯乙烯）的衣著與道具也很流行，形成各種不同的分類，像戀PVC癖、萊卡緊身衣癖。

143
【制服癖uniform fetish】：
對制服的迷戀

制服癖（通常指學校制服）也是個很普遍的嗜好（現在也很多主題派對要求參加者穿著制服，做叫制服趴），尤其是日本人所謂的手水服愛好者，會收集各個不同學校的制服做收藏。當然，許多人曾經嘗試請性伴侶在做愛時穿制服，對一般人來說，也會有一種新鮮的刺激與樂趣。

一般來說，這種行為比較跟年輕回憶有關，大多是青春期苦悶性壓抑生活的一種自我彌補或圓夢（例如，很遺憾高中時沒有跟北一女女生或建中男生做過愛），也有人認為這是輕微的戀童癖，因為學生制服一樣代表著純潔、無辜、處子與青春，所以制服也常常是一種性年齡扮演或調教遊戲的必備道具。

144
【脫衣舞癖stripping fetishism】：
對脫衣舞的迷戀

脫衣舞、牛肉場、鋼管女郎...不管是什麼名字，台灣社會都存在很強烈的脫衣舞癖，宗教活動的酬神、遶境、誕辰或是一般大的婚喪儀式，電子琴花車的清涼脫衣舞都是最普遍的節目。連路邊的賣藥郎中也常用脫衣舞節目招徠客人，可以說看脫衣舞癖早就是台灣社會的一種普遍嗜好。

迷戀看裸露的身體，反映出來的正是裸露的稀少。在一個沒有天體營，從小就跟沒穿衣服的小孩說羞羞臉，灌輸裸露不潔，身體意識保守的台灣，有這種癖好是合理的，但是卻也容易滿足於「裸露」就好，而缺乏對脫衣舞作為一種「技藝」的鑽研，也很少自己嘗試看看。

性愛的過程都要脫衣服，把這個過程弄得更有情調，讓彼此更興奮，而不只是急著脫掉，把舞廳的磨蹭搬到臥室，你／妳會發現，自己將更有魅力。

145

【窺視癖voyeurism】：
喜歡看別人裸體或進行性行為

每個人都有程度不同的窺視慾望（所謂正常與不正常的界線都是程度的不同），所以脫衣舞才會存在，八卦雜誌才會存在，狗仔隊才會存在，而成為名人，就意味著必須面對整個社會的窺視慾望，失去某些程度的隱私權。

就像狗仔隊用相機滿足整個社會的窺視慾望一樣，現代科技的發達，使得窺視慾望早已不止利用望遠鏡在遠處偷看了，數位相機（現在連手機都有相機了）與針孔攝影機（璩美鳳與彭恰恰的光碟就是用針孔拍的）才是當代的主流，而照片與影像的可複製性（用望遠鏡偷看可是無法複製的），已經使得窺視成為一種全民運動，不用辛苦的自己帶著望遠鏡去找位置，也不用苦苦等候，就有人拍好複製販售給你／妳了。

因為照相手機的輕巧與不像相機的外型，造成偷拍問題的嚴重，並因手機可以馬上將圖檔寄出再刪除，容易湮滅證據不易定罪，所以在2004年南韓政府規定製造商照相手機在拍照時必須有可以清楚聽見的電子快門聲音，以增加近距離偷拍的困難。

另外，關於窺視最有名的電影則是1954年希區考克所執導的「後窗rear window」，因為從後窗偷看鄰居，而發現了一個謀殺案的故事。

- -

146

【暴露癖exhibitionism】：
喜歡在別人面前暴露自己的身體

有人愛看，也有人愛現。一般人對暴露癖最刻板的形象就是一個穿著風衣躲在巷子裡的男子，在女人經過時突然打開風衣，展現自己的裸體。

不過廣泛來說，暴露的形式也很多，其實在台灣的金馬獎、金鐘獎星光大道上就有很多人露得很開心。一般的台灣時尚女性也跟明星一樣，喜歡穿少少扮性感，不見得想吸引

男人（她們常說自己覺得漂亮就好），這種穿衣文化，無論是滿足男性的窺視慾望，或是一種女性力量的崛起（辣妹合唱團很愛這樣鼓吹），都讓某種程度的暴露顯得愈來愈普遍了。

而如果非要在性行為中暴露的話，打野炮是暴露癖者常做的選擇（可惜偷窺秀peep show在台灣不流行，否則這倒是暴露癖者最適合的工作），也可以滿足一下偷窺癖者（知道有人在看的打野炮是很徹底的dogging），或是可以參加群交轟趴，也可以讓別人看。

至於一般伴侶，其實也可以偶而躲起來偷看或偷拍自己的伴侶洗澡或換衣服，也是一種生活情趣。

147
【賞月亮mooning】：
背對他人彎腰脫褲子露出自己的屁股

1995年梅爾吉勃遜主演的電影＜英雄本色＞(Braveheart)中，有一場蘇格蘭英雄威廉華勒斯（William Wallace）帶領民兵一起在英軍前露屁股的鏡頭，很多現實生活中的西方抗議活動，抗議者也常常用賞月亮這個動作表示不滿。

這個動作應該是：吃屎吧你，親屁股吧你（kiss my ass）之類的意思，也就是用粗魯、沒禮貌的舉止來侮辱對方。至於用moon這個字，當然是因為屁股跟月亮都是圓圓的緣故，所以賞你／妳個月亮，就是屁股讓你／妳看的意思。

所以下次中秋節就跟伴侶好好賞月亮吧，也省得出去人擠人了。

【性用品】

36

148
【性玩具sex toy】：
促進性樂趣的各種設備

性玩具是用來增加性樂趣的小設備，當然BDSM用具也屬於性玩具的一種，一般人也可以在情趣商店買到手銬、蠟燭之類的BDSM入門用品。保險套本來不屬於性玩具的一種，不過要是顆粒型或震動型這有其他功能的保險套，則也屬於性玩具的一種。

使用性玩具有以下五種優點：一、性玩具使一些事情比較容易達成（像是高潮），二、性玩具幫助打破一成不變的流程，三、性玩具可以幫助瞭解自己的身體（不是被動的等待別人給予），四、性玩具可以使性伴侶更加興奮（相信我，震動器比手指頭速度快多了），五、性玩具擴張性生活的內容（例如鞭子或手銬會增加情節扮演的內容）。

根據「Durex 2005年全球性行為研究報告」，台灣一年性愛次數平均只有88次，相較於全球平均性愛次數103次少了15次，排名倒數第八，卻是最常使用情趣用品的國家，有四成七曾經使用過震動器，排名世界第一（看來在台灣賣震動器似乎是個好生意啊）。

149
【震動器vibrator】：
一種會震動的性玩具

沒吃過豬肉也看過豬走路，沒用過震動器，也看過手機跟呼叫器震動。這種可以引起震動的機器，就叫做震動器。震動器作為性玩具是因為它能給予性器官一種享受，例如放在陰核上的時候。

震動器有很多種造型，小顆的稱為跳蛋（egg），除了可以放入陰道與肛門以及提供陰核刺激外，也可以作為平日使用的穿戴性玩具（放於內褲中）。做為陽具的形狀稱為電動按摩棒（dildo-shaped vibrator），可以插入體內使用，也有做成一大一小陽具的雙叉按摩棒（Jackrabbit vibrator），可以同時刺激陰道與陰核或同時插入陰道與肛門。也有特別提供仰角度的G點按摩棒（G Spot vibrator）。材質則有硬塑膠、軟矽膠、樹

脂、透明果凍膠…，功能則有變速、防水、體溫…種種，可以說是五花八門、應有盡有。

150
【跳蛋egg】：
蛋型的震動器

跳蛋比雞蛋小，通常跟鵪鶉蛋大小差不多，是一個小巧而方便的性玩具，其中也有無線遙控的產品，在日常生活中也可以把它放入陰道或肛門中，偷偷按一下遙控器震動一下（這種在日常生活中使用的情節，常見於日本的調教系AV影片中，算是BDSM主奴遊戲一種調教性奴的方式）。

跳蛋體積小，造型不像陽具，放在皮包中也不會突兀，所以攜帶方便，算是震動器中最適合跟著主人趴趴走的隨身配備。不過也因為體積小，千萬不要放入體內太深，以免拿不出來，台灣就曾經有一個14歲的女生，放太裡面，結果跳蛋卡在陰道與子宮交界處拔不出來，結果只好掛急診求救。

151
【G點性玩具G Spot sex toy】：
為刺激G點而設計的性玩具

能震動的叫做G點按摩棒（G Spot vibrator），不能震動的叫做G點假陽具（G Spot dildo）。無論能不能震動，它們都被設計一個彎曲的角度，方便刺激陰道內上壁的G點。

刺激G點若是靠陰莖，只能說靠運氣（角度剛好），靠手指也要夠溫柔，若是自己用G點按摩棒就跟用「不求人」捉癢一樣，輕重急緩都操之在己，讓G點不再難以捉摸，的確符合性玩具第一優點：讓事情變得比較容易。

152
【假陽具dildo】：
人工製造的、非震動的模仿陽具

假陽具是年代最久的性玩具，考古學家在西元前206年到西元25年間的中國漢朝古墓中發現的七色古銅假陽具，是目前發現中最早的假陽具。

假陽具的定義是非振動，而形狀、大小類似男性真實陰莖，既然設計為陰莖的形狀，當然是使用為陰道或者肛門性刺激的功能。假陽具的好處是不會頭痛或是忙碌於公事，也不會陽痿跟早洩。缺點也有，像是不會親吻跟擁抱，不過既然通常售價不高，就別苛求了。

153
【皮帶假陽具strapon-on dildo】：
用皮帶綁在腰部固定在跨下的假陽具

在英語國家的情趣商店通常將皮帶假陽具稱為harnesses，這是「裝上馬具」或「用皮帶加以束縛」的意思，在台灣的情趣商店則將皮帶假陽具稱為穿戴棒。至於褲子形狀的穿戴式假陽具則稱為陽具褲（peni pant）。

皮帶假陽具通常綁在腰部與鼠蹊部（大腿根部），方便處在於跟一般男人的陰莖位置一樣，所以雙手自由，也方便各種體位的變換。最重要的是：它提供了女性一個跟男人陰莖一樣的性功能：進入別人的體內。所以一個女性穿戴上它之後，可以進入一個男人的肛門（這稱為釘牢pegging），或一個女人的陰道（當然肛門也可以），也可以讓無法勃起的男人使用。

有些皮帶陽具考慮到女性使用者的快感，會在穿戴處設計一些突起（或者採用雙頭龍的形式），讓她們在抽插時的撞擊也能帶來快感。另外，也有些產品是有震動功能的（跟假陽具一樣，只是帶有震動功能的通常稱為電動按摩棒）。

154

【雙頭龍double-ended dildo】：
兩端都有龜頭的假陽具

雙頭龍是一根兩端都可以插入的假陽具，所以使用上可以是一個女人用它玩三明治（陰道跟肛門同時插入），可以是一男一女同時使用（男的插入肛門，女的陰道或肛門），最常見的則是兩個女性同時使用。

當然，這個產品也是有些機種是有震動功能的。

- -

155

【馬鞍型性機器Sybian】：
形狀像馬鞍方便跨坐的電動按摩棒

到目前為止我們談到的電動功能還只有「震動」，現在這個產品則提供了第二種電動功能，就是「轉動」。

Sybian這個名字來自Sybaris這個字，一座建立於公元前 720年，義大利南部的古城市，當地居民以生活奢侈著稱。所以取名Sybian是指這台機器非常高檔而奢華的意思。

Sybian長得像個馬鞍，只是馬鞍上多了一根假陽具（製造商會提供幾種尺寸版本的假陽具給客戶選擇）。Sybian 除了可以振動之外，還可以轉動（就是像地球一樣的自轉），轉速與強度都可以控制。振動可以刺激陰蒂，而轉動則刺激了 G點，使用者的報告宣稱可以達到強烈的性高潮，也能同時達到陰核高潮與G點高潮。

Sybian的發明者是Dave Lampert，在面對閣樓雜誌（Penthouse magazine）的採訪中他說製造這台機器的出發點是因為常聽到一些女性抱怨沒有良好的性生活，或甚至沒有過高潮，於是便製造了這台機器來造福女性。不過以美金1千4百元左右的售價看來，並不是每個女性都買得起，都能被造福。

处女膜解剖学图片

环形状　间隔状　筛状处　经产妇
处女膜　处女膜　女膜　　阴道口

另外不方便的一點則是體積不小（像個馬鞍大小），重量也不輕（約10公斤），就算放在櫃子裡，搬出來還是要點力氣的。

156
【性機器sex machine】：
可以模仿抽插動作的電動假陽具

這個機器設計來模仿男性陰莖的反覆抽插動作，如果震動跟轉動覺得不夠的話，那就試試這個玩具吧。只要不停電就永不停止的性機器，這名詞也常被當作超級愛做愛或持久男人的綽號。

像是人稱好萊塢性機器的查理辛，曾經在接受《Maxim》雜誌訪問時，自爆過往的性伴侶在5千人以上，連他明星老爸馬丁辛也都直接叫他性機器。

另外Sex Machine也是靈魂樂教父詹姆斯布朗James Brown在1969年創作的著名歌曲，在近年的Woodstock 99演唱會中James Brown首位出場，表演的歌曲就是Sex Machine，贏得了台下數十萬人的極力喝采。

157
【性娃娃 sex doll】：
形狀像人一樣／可供人性交的玩偶

性娃娃分為充氣娃娃（blow up doll）跟超擬真娃娃（realdoll）兩種，它們都模仿人的外型，分為男女兩種類型。充氣娃娃顧名思義就是要充好氣使用，而超擬真娃娃則是個很像真人的娃娃，大小跟重量都接近真人，售價也高昂不少（約6千美金）。

超擬真娃娃從1996年問世，據稱使用好萊塢技術生產，使用昂貴的矽樹脂橡膠混合達到接近真實肉體的感受。可以訂製各種臉孔與身材，當然膚色與髮色各種細節都任君挑選（金髮、棕髮、黑髮、肌肉男、大陽具、雙性人....）。並曾有AV影片用一男一女演員

加上一個超擬真娃娃一起玩3P引起一陣話題。

充氣娃娃則是比較常見，也比較平價的選擇，做為女性的充氣娃娃也許包括嘴巴、屁股跟陰道三個孔位。而男性的充氣娃娃則是帶有一根假陽具。而無論男性或女性的充氣娃娃，也有一些機種帶有震動功能。

不過記得，不管性娃娃再怎麼超擬真，它們還是不會分泌潤滑液的，所以要記得幫它們塗上潤滑液，免得破皮。

158
【性潤滑液lubricant】：
在性交時用的潤滑液

潤滑液從成分來說主要分為油性跟水性，通常在肛交、乳交以及自慰時使用，也幫助性工作者與AV影片演員在工作時使用。

潤滑液除了基本的潤滑功能之外，通常有兩種分類，一種是增加口味，例如水果口味（蘋果、柳橙...）與植物口味（薰衣草、薄荷...），另一種是增加興奮與快感（利用一些熱能促進血液流動）。

一般來說潤滑液是肛交的必備用品，作為一個性伴侶，沒有準備好潤滑液就肛交的話，那實在跟沒有問能不能射精到對方體內就射進去一樣沒禮貌。

159
【自慰套masturbator】：
一個讓男性陰莖插入自慰的小圓套

如果嫌性娃娃太大，收放或充氣洩氣不方便，想要一個小巧的男性性玩具，那你可以考慮自慰套。

自慰套的英文正式名稱是陰莖套penis sleeve（也俗稱jack off sleeve），是一個小巧的小圓套，一端中間有孔，可以讓陰莖插入，抽插後達到高潮，也就是一個簡易的人工陰道（或口腔、肛門）的意思。

自慰套的發展除了也有震動與非震動兩種之外，最主要可以依照模仿的器官不同而分為三大類，也就是口交套（blow job imitator）、陰道套（venus masturbator）跟肛門套（anus masturbator）三種，而根據造型，則主要分為寫實與抽象兩種。

160
【逼真倒模套realistic vagina and anus】：
造型真實模仿陰道與肛門的自慰套

所謂倒模是指用真人器官外型製模（既然是真人製模，所以當然會有一些商品宣稱是由AV明星製作的）的自慰套，也就是會有逼真的陰部與肛門外型，以增加視覺上觀看到性器官的刺激，或增強與某AV明星性交的幻想快感。

這類產品功能上一樣有震動與非震動兩種，當然也必須配合潤滑液使用。

161
【陰莖環cock ring】：
具有伸縮性可以緊套在陰莖上的環狀物

在中文裡最有名的陰莖環叫做羊眼圈，是套在龜頭上，然後利用眼圈上的睫毛在抽插時增加對陰蒂與陰道的刺激。一般說來套在龜頭上的陰莖環大多是為了增加對伴侶的刺激而設計的，而另一種套在陰莖底部的陰莖環，則是為了增加男性射精的困難度而設計的。

套在底部的陰莖環除了使射精管道緊迫不容易射精之外，也會讓會讓血液在陰莖內緊

繼增加陰莖硬度，在射精時會比較不易回流疲軟。

不過緊套陰莖會有種不舒適的感覺，而套在龜頭上的陰莖環也要小心不要脫落掉進伴侶的陰道內。

162
【陰莖增長套penis extension】：
套在龜頭上的一截假陽具

陰莖增長套是一個空心的設備，外觀像是一截短的假陽具，末端套上配戴者的龜頭，於是就增加了陰莖的長度。

增長套除了可以冒充一下大陽具之外，因為龜頭被包住，快感必然降低所以不易射精，而即使射精，增長套也有類似保險套的功能，會阻隔精液進入對方體內。

唯一要擔心的是，如果以後伴侶都一直要求你用增長套，這可能會傷害到你的自尊心。

163
【肛門插butt plug】：
提供肛交的棒狀物

除了一般提供男性跟女性陰莖或陰道快感的性玩具之外，當然也有提供肛門前列腺快感的各式性玩具，其中肛門插算是比較類似假陽具的一種。

butt是美國口語屁股的意思，所以butt plug是專門用來肛交的棒狀物（台灣情趣商店通常稱之為後庭棒）。

肛門插的長度不像假陽具那麼長，也不太模仿陰莖的形狀，通常是前端細而後段粗，可以避免肛交時的疼痛，而且通常有一個扁平的底板，可以預防插得太深入而不好拿出來，如果單論肛交的話，這是比假陽具要來得好的選擇（當然也比手機要好用多了）。

164
【肛門拉珠anal beads】：
塞入肛門的一串小珠子

其實每個人應該都感覺過大便出來時舒服的感覺，因為肛門擴約肌的擴張與收縮，會引起前列腺快感的產生，肛門拉珠的原理也是如此，將一串小珠子塞入肛門，然後慢慢地拉出，可以提供令人滿意的刺激，甚至引起前列腺的高潮。

165
【拉鍊 zipper】：
作為性玩具的一串夾子

在一些整人遊戲中應該看過有人被夾了好幾個夾子，然後突然一扯的畫面，這種器具，在英文中就俗稱zipper（拉鍊）。

一般來說拉鍊被歸類為BDSM 的性玩具或拷打玩具（屬於非常普遍的自創玩具），不過通常不會像整人遊戲那麼突然拉扯，而是像肛門拉珠一樣慢慢拉開，在一個個夾子離開的時候，會帶來皮膚強烈的刺激，或麻或痛，因而讓皮膚更加敏感。

166
【乳頭夾nipple clamps】：
夾乳頭的性玩具

只有兩個夾子又專門夾乳頭的話，就稱為乳頭夾。根據乳頭敏感程度的差別，會有不同程度的刺激。

乳頭夾也是歸類於BDSM 的性玩具或拷打玩具，提供強烈的乳頭刺激或提升乳頭的敏感度，不過由於乳頭較一般皮膚更為敏感，通常不應該拉扯掉它，而適合輕輕的拉扯。

另外，乳頭夾有時會會跟另外一些衣服或性玩具結合在一起，像是皮束腰，或是堵嘴。

167
【堵嘴球ball gag】：
將嘴堵住的球

之前說過堵嘴是讓人發不出聲音，產生無助的感覺，現在來談一下堵嘴性玩具的幾種不同形式。

堵嘴球ball gag（台灣也稱為口塞球）是用一顆跟高爾夫球差不多大的軟球（也有少數硬球）塞進嘴裡，球的兩端（或更多）有皮帶（或其他材質）拉到腦後綁起來固定的性玩具。堵嘴啣bit gag（台灣也稱為馬具口塞）則是以一根橫管（跟馬啣一樣）代替球，讓人像馬一樣的被控制，但要小心，太緊或突然拉扯，這種堵嘴啣會容易傷害到兩邊的嘴唇。

168
【綁縛銬bondage cuff】：
綑綁用的手銬或腳銬

台灣情趣商店通常把一切綁縛用品通稱為：「SM手腳頸銬」，但是在英文中，則細分各種不同的名稱。手銬hand cuffs或腳銬ankle cuffs，除了像警用的金屬製品之外，大多的這類用品是皮製的，比較舒適，不會對皮膚造成擦傷。

通常皮環上附有小剛環，可以用繩子或鐵鍊或一樣皮製的綁縛帶（bondage belt）的一端固定，然後另一端綁在床柱或牆上其他可以固定的地方，或是將兩個手銬連結、兩個腳銬連結，或是手銬跟腳銬一起連結（長度自行設定），限制對方的行動能力。

169

【綁縛面罩bondage mask】：
綁縛用的面罩

綁縛面罩很像日本摔角手上場時會帶的面罩，只是綁縛面罩通常會搭配堵嘴以及眼罩甚至耳塞一起使用，讓被綁縛者喪失視力、聽力與呼救能力，陷入一片黑暗與無聲的世界，算是一個相當兇狠的感官剝奪（sensory deprivation）玩具。若是再搭配其他手銬腳銬或繩子綁縛，基本上可以說只剩下最後的嗅覺（也有人用防毒面具來剝奪這個感官）跟觸覺（做愛沒觸覺還玩什麼？）了，算是相當厲害的一種綁縛玩具。

170

【貞操帶chastity belt】：
綁在陰部外生殖器上／使人無法性交的器具

雖然貞操帶在目前社會聽起來有一種封建的保守意味，不過事實上它仍然在當代的BDSM主奴關係中，常常作為一種性玩具而存在。

貞操帶是一個上鎖的內褲或帶子，有為男性（通常稱為：雞籠cock cage）跟女性設計的兩種，用來防止性交和自慰。

據說西方的貞操帶流行在十字軍東征時期，離家打戰的騎士、諸侯怕老婆紅杏出牆，於是就把老婆鎖上才能安心出門。而男性的鳥籠歷史更早，在印度教的苦行僧中就流行用此器具證明自己清心寡欲。

要玩貞操帶的話，記得要慎選材質，因為貞操帶的配戴時間比較長，遠遠超過一次性遊戲的時間，容易引起皮膚炎，所以要特別注意。

171
【性家具erotic furniture】：
促進性樂趣的各種家具

小的稱為性玩具，大件的就是性家具了。雖然最普遍的性家具是床跟沙發，不過因為它們設計時的主要目的並不是性交，所以不能列為專門的性家具。專門的性傢具最普遍的是情趣椅，現在台灣一些旅館也有採用，作為招攬客人的設備，可以讓客人體驗。

另外類似情趣椅這種「體位輔助」功能的性家具，則以太空鞦韆這種號稱能體驗無重力狀態，體驗不同性體位的家具最為著名。性吊索也類似太空鞦韆，不過主要目的還是綁縛為主。其他的BDSM綁縛設備，則有枷鎖、綁椅，也有為了鞭打而設計的鞭打木馬等等。

在家裡擺這種家具，或是特別佈置一個刑房的話，客人應該會很興奮吧。

172
【情趣椅】：
專為性交而設計方便調整體位的椅子

情趣椅最早也稱為八腳椅，因為前後左右加起來一共有八隻腳，類似婦科手術檯的模樣（所以也很適合玩醫生遊戲），人躺在上面雙腿放在兩側，這種姿態能使兩個人更興奮，也方便變換體位，節省體力。現在的情趣椅則有增加電動功能的機種，有電動椅墊讓使用者省力，還兼按摩熱敷的功能。

另外台中市有間汽車旅館業者最近引進一種輕便型情趣椅利用2條彈性帶可讓50公斤重的女性，變得如同1公斤，讓男性可輕托起女性臀部，隨心所欲控制速度、深度與角度，是一個功能很類似太空鞦韆的新產品。

173
【太空鞦韆love swing】：
專為性交而設計方便調整體位的鞦韆

太空鞦韆是一種能體驗類似無重力狀態的性交設備，在天花板固定鋼釘後，垂下的繩子綁在腰間與跨下，讓體重由天花板支撐，像在鞦韆上一樣人在半空，於是可以達到一些平常難以達到的體位，也能讓對方節省力氣，輕鬆控制速度與深淺。

在體位輔助這個功能上，太空鞦韆是最強的一種產品，每年在美國賭城舉辦的性產業展覽中，都會有太空鞦韆的體位示範表演，總會吸引相當多人的注意。

174
【性吊索fisting sling】：
綁縛使對方懸浮的設備

性吊索是一種讓對方腳離地的綁縛設備，跟太空鞦韆一樣，必須藉助天花板上釘好的支撐，再用皮革或尼龍繩配合對方身上的手銬、腳銬、腰帶，使其腿被舉起離地。

日本的繩縛也有專門的懸浮綁法，綁的位置與鬆緊度都有專業研究（綁不對的話會產生劇痛與受傷），一般人沒有經驗的話不要輕易嘗試，還是買個太空鞦韆玩玩就好。

175
【情趣服飾erotic clothing 】：
帶有強烈性意味的衣服

正所謂佛要金裝人要衣裝，做愛時穿什麼衣服自然對整個做愛的氣氛很有影響，這也是為什麼情趣用品店都會賣一些所謂情趣內衣與扮裝服飾的緣故。

情趣服飾的形式非常多種，但是大體上可以分為內衣、睡衣、扮裝服飾（護士服、空姐服、警察服....）與BDSM服裝（皮內褲、皮馬甲、皮貓裝....）四大類型。

而若是喜歡這些衣服到了沒有它們就不會興奮的地步（也就是已經到戀物癖的強度），則這些衣服也稱為戀物服飾（fetish clothing）。

176
【吊帶襪 garter belt】：
從腰帶上用伸縮帶固定頂端的絲襪

吊帶襪在20世紀之前是西方女性穿著絲襪的必需品，否則絲襪將會下滑，但是到了尼龍絲襪發明後，絲襪本身的伸縮彈性，就可以讓絲襪不下滑，於是吊帶就成了不必要的配件。

但如今，吊帶襪卻可以說已經成為一種「性感」的代名詞（或許是因為穿著吊帶襪而不穿內褲，是方便做愛而又能保有修飾腿部的視覺美化功能吧），使得這過去每個女人都要穿的過時配件，得到了全新的生命，尤其當搭配網狀絲襪的時候，特別給人強烈的情色感覺。

試試看吊帶襪吧，也許妳也會發現自己全新的性感風情以及閨房情趣。

177
【束腰corset】：
古代的女性調整型內衣

束腰是一種以往西方女性的調整型內衣，可以營造纖細的腰身，並使得乳房集中，它跟
吊帶襪一樣，在20世紀的彈性胸罩生產後沒落，但如今兩者卻一樣成為性感的代名詞
，並且也是一些戀物癖者、BDSM族群與歌德(Goth)文化愛好者所深深迷戀的衣物。

束腰跟吊帶襪的復興與性感意義跟情趣雜誌playboy、閣樓雜誌有相當密切的關係，
而束腰更在 80 年代末期重新被主流時尚文化吸收成為一個重要元素，如今束腰不再
是以往單純的「內衣」，也是一種外衣的形式了，這種外穿的束腰則稱為：馬甲。

178
【短睡袍baby-doll】：
女性睡覺時穿的短袍

Baby-doll特指大約短到大腿附近的女性睡袍（長度到膝蓋的通常就稱為睡袍
nightgown長度到腳踝的稱為長睡袍peignoir），叫做baby-doll是因為這種長度方
便幫小寶寶換尿布的緣故，所以這種短睡袍對於一些喜歡玩性年齡扮演的人說來，是
一個必備的情境服裝。

而對一般伴侶來說，即使不玩性年齡扮演，這麼短的睡袍讓大腿幾乎完全裸露，加上
一些設計（例如，低胸、露背、網狀或透明）與材質（例如，絲綢），也讓許多人認為這
完全是一種性感而充滿情趣的服裝而受到歡迎。

179

【全身緊身衣unitard】：
有伸縮性而緊貼身體的衣服

unitard是一套緊身的衣服，包含腿跟手臂（不包含頭、脖子、手掌與腳掌）。它跟半身緊身衣leotard 不同。leotard 不包含腿部，它是女性體操選手的標準服裝，也被女性舞者當作基本舞衣使用。而unitard則是男性體操選手、男舞者、雜技演員、空中飛人的標準服裝。

不管全身還是半身，緊身衣對一些人（特別是彈性纖維戀物癖者spandex fetishism）來說，是提高性慾的必備聖品（皮製的緊身衣則是BDSM族群的喜好）。這是因為緊身衣能將人的身體曲線充分展現，並且帶有強烈的運動意味。

像電影中的貓女就是穿皮製全身緊身衣（這特別稱為貓裝catsuit）來展現漂亮的身體曲線以及卓愈的運動能力。

而材質發亮或銀色的緊身衣則帶有未來與科幻的意義，在一些太空人或外星人的性角色扮演中，也是常見的必備行頭。

180
【貓裝catsuit】：
非運動用途／僅供情趣或休閒嗜好的全身緊身衣

貓裝不同於unitard這種全身緊身衣，因為沒有人會穿貓裝去參加體育活動，而且通常貓裝的顏色十分鮮豔，而材質大多由真皮、塑膠皮製作，很少數由彈性纖維製作。

將貓裝作為情慾衣物的嗜好，不管是喜歡緊身衣的曲線或是喜歡皮革，這種基本上包覆幾乎全身而且緊貼的衣物嗜好，稱為「第二皮膚second skin」，這是說喜歡在撫摸對方時，感受到不同於人體皮膚的材質，對他們來說，撫摸這些材質，能帶來更強烈的刺激（依照不同材質，可以分為尼龍戀物癖、彈性纖維戀物癖、皮革戀物癖等等）。

另外，貓裝在作為情趣衣物時，經常是搭配著長腿靴Thigh-high boot一起穿的。

- -

181
【長腿靴Thigh-high boot】：
高度到膝蓋以上的長靴

長腿靴是長度到膝蓋之上的靴子（剛好到膝蓋的靴子是Knee high boots，膝蓋以下的則是Go-Go boots），在英文中也常稱為Kinky boot，屬於情趣衣物鞋子中的重要角色，也是鞋子戀物癖者與長腿戀物癖者的重點愛好物。

而除了電影「貓女Cat Woman」中的女主角荷莉貝瑞用長腿靴搭配貓裝之外，電影「麻雀變鳳凰 Pretty Woman」中飾演妓女的主主角茱莉亞蘿勃茲，也穿著長腿靴，反映了現實生活中許多性工作者穿著長腿靴的現象，而女性的專業統治者（也就是俗稱的女王）更是把長腿靴當作標準穿著之一（女王經常是穿著長腿靴、貓裝或皮束腰、皮內衣，而其他皮帽、項圈、吊帶......配件依個人喜好）。

182

【全包式緊身衣zentai】：
將全身全部包起來的緊身衣

全身（包含頭手腳）的緊身衣稱為zentai，迷戀這種緊身衣的人則稱為zentai 戀物癖者，這在日本開始（zentai是日文名詞），之後也在歐美逐漸流行。

Zentai這個日文名詞是zenshin taitsu (全身包緊full-body tights)的縮寫，它充分與身體貼緊，大部分材質為萊卡Lycra，也有些是尼龍nylon、彈性纖維spandex或乳膠PVC材質製作。

除了作為一種情趣衣物之外，zentai也用於劇場表演（黑光劇：隱藏演員所在讓道具彷彿自己行動的一種表演方式），以及動漫愛好者的cosplay活動中。

- -

183

【情趣商店 sex shop】：
販賣性玩具／情趣衣物的商店

說了半天性玩具跟情趣衣物，這些東西，當然是要到情趣商店購買，那麼情趣商店也必須要瞭解一下。

情趣商店除了性玩具跟情趣衣物之外，有些也賣成人書刊和成人錄影商品（錄影帶或dvd）。而在一些性產業合法的西方國家，有些情趣商店甚至附帶有性表演的劇場（脫衣舞、窺視秀或活春宮），也有以連鎖店的企業經營形式。

全世界第一家營業的情趣商店是在1962 年德國西部的城市夫林斯堡Flensburg開設的，而在大多數的回教國家，則仍因法律不允許的緣故而沒有情趣商店的存在。

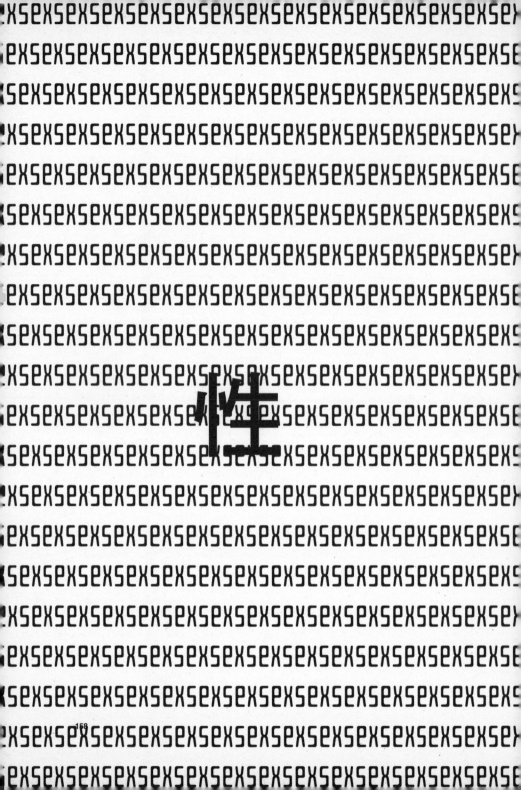

畢業

17

184
【性產業sex industry】：
跟性相關的表演與服務行業

一般所謂的性產業包括「性表演、色情服務」與「性服務」兩大部分。性表演、色情服務
是指提供性表演或裸露相關的視覺與聽覺服務，例如性交表演、脫衣舞表演、十八招
表演、上空酒吧、色情電話等。而性服務則是指提供顧客性器官快感的服務，例如，泰
國浴、性交易、援交。

稱為產業是因為性產業包含雇主、性工作者、顧客與商品，整個產值佔了世界經濟相當
大的一部份。性產業的大多數的客戶是異性戀者，其次是同性戀者。在大多數的國家，
性產業在一個違法但又隨處可見的灰色地帶。

性產業的合法與否在多數國家一直是一個爭論不休的問題，不過由於性產業長期存在
的事實，部分國家的性產業已經合法化，尤其是「性表演、色情服務」這一部份。從經
濟層面來說，性產業是諸多商業活動的一種，與其他商業交易行為區別的意義何在？
而合法後的徵稅可增加政府收入，又為何放任這筆錢圖利黑社會成為他們的禁臠？

何況不合法只會增加性工作者的弱勢地位，與受到更大的經濟盤剝，合法後，性工作者
的利益將受到政府保護，也更有利防止性病的傳播。

荷蘭於2000年10月承認妓院合法，德國於2002年元月承認賣淫合法，除了以上的益
處之外，著名的「紅燈區」也為國家來很高的觀光收益。

185
【脫衣舞 striptease】：
以脫衣服為過程的裸體舞蹈表演

脫衣舞通常是舞者在舞蹈過程逐漸脫掉身上的衣物，逐漸激起觀眾的興奮為目的，在台灣早期稱之為「牛肉場」，目前則流行「鋼管舞」。

西方的脫衣舞表演有幾種不同形式，鋼管也是其中一種，而除了這種許多觀眾一起觀看的表演之外，也有一些單獨為一個或幾個客人表演的形式存在，像是桌上舞（table show）或是獨立包廂（美國稱為champagne room）。

值得注意的是，脫衣舞或裸體演出不一定是色情表演，有時也是藝術表演，像西方以劇中有全裸歌舞而聞名的兩齣音樂劇「Hair」與「Oh！Calcutta！」就不是一種色情表演。台灣官方卻常常只注意著有沒有漏兩點、漏三點，在一些曾經全裸表演的藝術節目中派警察到場「關心」（最近的案例是2005年10月誠品藝術節香港劇場導演林奕華的作品「戀人絮語」），充分暴露了台灣官方的大驚小怪跟文化素養低落。

- -

186
【活春宮live sex show】：
現場表演的性活動

活春宮是一種現場表演性交或其他性活動的售票演出，通常表演者是裸體並展現至少一次性交，這種表演在歐洲國家比較流行（其他國家有非法問題），尤其是阿姆斯特丹跟漢堡，表演內容通常也因為競爭激烈而推陳出新，已吸引觀光客的光臨。

有些活春宮會邀請觀眾參與，例如邀請觀眾上舞台跟演員性交、口交或插入假陽具，以增加噱頭或製造節目的參與感。

台灣流行的一種活春宮表演稱為「十八招」，是由女性表演者用陰道抽煙、開啤酒瓶...等種種特技而聞名。

187
【窺視秀 peep show】：
透過小孔或小窗觀看的性表演

窺視秀通常是一個觀眾一個小房間，每個房間有一個小窗口或窺視孔peephole，觀眾經由一個投幣機投錢，窗口就會打開一段時間然後關閉，要繼續看就繼續投錢。透過窗口可以看見表演者裸露跳豔舞或性交，通常允許觀眾在小房間裡自慰。

不過這種表演模式在台灣並不流行，因為台灣有檳榔西施，只要把錢拿去買檳榔，就可以順便看兩粒又虧兩句了，有得吃有得看又有得虧，他們覺得比較划算。

188
【色情按摩 erotic massage】：
以顧客性快感為目的的按摩

色情按摩接觸身體的重點部位在性器官，也就是純按摩不會去碰觸的部位，這種按摩可以刺激性慾，很適合作為前戲foreplay。

在香港的骨場（按摩場）、大陸一些髮廊跟日本的泰國浴，都有色情按摩的服務項目，可以替客人手淫（香港骨場稱打飛機）或口交、乳交，也就是俗稱的「半套」（全套指陰道性交）。

而在英國跟荷蘭新流行的前列腺按摩，目前亞洲國家則還沒有引入。

189

【賣淫prostitute】：
一般指出賣陰道性交的性服務

廣義賣淫包括了口交、陰道性交、肛交，各種因為金錢而提供性服務的行為。賣淫的形式很多，像是到府或到旅館服務的援交（指兼差賣淫的女學生）、應召女郎以及陪客人在KTV玩樂的傳播小姐。陪伴遊客幾天的伴遊小姐，在街上或其他公共場合拉客的流鶯。以KTV包廂方式喝酒唱歌的酒店與星期五餐廳（由男性提供女性顧客性服務），公寓賣春的私人護膚、香港的一樓一鳳。比較大間的則有理髮廳、三溫暖、泰國浴各種不同類型，至於最古老稱呼的妓院現在則稱為私娼寮（台語稱為查某間）。而無論是哪一種類型的賣淫，通常賣淫的人男性稱為妓男（或牛郎、或鴨），而女性稱為妓女（或雞）。

賣淫的類型很多，也是一個一直存在的行業，不過無論在道德層面如何不贊同賣淫這個行業，性工作者的人權問題仍然不應該被忽視，性工作者處於被壓迫狀態的性奴隸賣淫（指老闆剝削性工作者並限制其人身自由），仍然在一些國家（泰國、菲律賓、中國、墨西哥…）發生，而且在台灣也時有所聞（以前是原住民雛妓，現在是大陸女性），顯示了台灣社會不文明的一面。

在中國歷史上，最早出現以營利為目的的賣淫，在西元前六百多年春秋時期，齊國的首都臨淄，宰相管仲是公認的娼妓（中國古代對性工作者的稱呼，原意是女藝人，在當時女藝人是相當沒有社會地位的）創始人。而最早的商業性妓院則誕生於唐朝長安城的平康坊。

190

【性工作者 sex workers 】：
以賺錢為目的提供性服務的人

性工作者通常是指賣淫，其他性產業工作者（成人電影演員、脫衣舞者、窺視秀演員、性愛電話工作者、酒店小姐）一般認為只要自己沒有直接跟客人做s（sex），就不是真正的性工作者。不過其實性工作者是個很廣義中性的名詞，客觀來說只要是在性產

業中謀生的人，都屬於性工作者，只是有的賣身體（妓男、妓女），有的賣聲音（跟客人講色情電話），有的賣技藝（跳脫衣舞或十八招）而有所不同。

不過無論自我的認定如何，性產業工作者的人權與工作權常因為非法的問題而無法被保障。最近在荷蘭、德國、紐西蘭、澳大利亞，一些性工作合法化的國家，性工作者已經藉由正式組織的努力（例如工會、協會、商會），得到受害率降低、所得不被剝削以及性病防治上幾個相當重大的進展。

台灣社會目前專注在提升性工作者權益的人民團體則是「日日春協會」。

191

【伴遊／三陪 escort】：
以天計費的性工作者

應召女郎、流鶯、私人護膚、三溫暖、泰國浴、查某間都算是短時間的一次性服務（就是打一炮），伴遊小姐（大陸稱三陪小姐，就是陪吃飯陪跳舞陪上床的意思）則是以天計費的性工作者，除了上床提供性服務之外，也陪客人逛街、吃飯、跳舞、唱歌，簡單說就是花錢雇來的短期情人。

192

【一樓一鳳】：
一間住宅一個性工作者的一種香港性服務行業

根據香港法律第200章117條：任何處所由超過二人用以賣淫，即可被視為「賣淫場所」即可被撿控，於是為逃避法律負任，而發展出只有一名妓女賣淫的一樓一鳳。

一樓一鳳多數位於香港舊區內的多層住宅單位，分佈地區頗廣，但以油麻地、尖沙咀、旺角、深水土步一帶最集中。一樓一鳳多是個體戶經營，因為通常年紀較大，多被稱為「鳳姐」或「鳳姑」。2002年的香港電影＜金雞＞，便是藉由一名一樓一

鳳的鳳姐一生故事，回顧香港近代的色情行業史。

193
【專業支配professional dominatrix】：
提供支配服務的性工作者

BDSM中的D/S是支配dominance與臣服submission，而支配的角色則是稱為dominatrix，臣服的角色則是稱為submissive。所以專業支配就是指以執行支配角色而獲取金錢的性工作者，不過大多數的專業支配並沒有跟客人性交，事實上他們大多是依賴自己對支配活動的技巧來服務客人，所以他們不會認為自己是妓男或妓女。

女性的支配者在中文中習慣稱為「女王」，一般來說女王的數量是遠多於國王的，這是因為大多數的顧客是異性戀男性，他們希望由女王服務，而且女性顧客通常也不執著於國王，她們也常選擇女王為她們服務。

無論是女王或國王，他們提供的支配服務通常是：性奴役，性屈辱，用皮帶假陽具對顧客肛交，性角色或年齡扮演，鞭打或打屁股…等等。

在倫敦，個體戶的國王或女王（即自己有空間與設備）收費約每小時在150到200英鎊（也就是9千到1萬2台幣）之間，所以專業的女王跟國王這種擁有專門技藝的性工作者，收入是很高的。

- -

194
【專業臣服Professional submissive】：
提供臣服服務的性工作者

同理，專業臣服就是指以執行臣服角色而獲取金錢的性工作者，他們也大多是依賴自己對臣服活動的技巧來服務客人，所以他們也不認為自己是妓男或妓女。

他們的收費標準並不低於國王跟女王，因為專業臣服的數量比專業支配要少得多，事實上，專業的臣服是非常罕見的。

195
【性愛電話工作者 phone sex worker】：
提供性愛電話服務的性工作者

電話性愛既然是性產業的一種，自然就有雇員在電話的另一端服務客人，這種性愛電話工作者，台灣稱為0204小姐。

0204小姐基本上是一個聲音的色情演員，她們運用聲音與劇本讓客人興奮、自慰，並且因為有一種0204小姐也在自慰的「錯覺」，而感到滿足。

說是錯覺是因為0204小姐基本上是沒有在自慰的，只是她們用聲音模仿自慰，用喘息與叫床的聲音讓客人有一種性交的錯覺、而因為這是一種沒有真正性交的性服務，所以0204公司通常在廣告上極其誇張的運用各種美女照片，假冒各種身份（例如學生妹或少婦）以滿足客人的各種性幻想，像是BDSM，角色扮演，被肛交，種種他們在現實生活中難以實現的性幻想。

196
【A片 adult video】：
拍攝人類性行為的影片

傳播色情最重要的媒介在70年代是雜誌，80年代是錄影帶，90年代是dvd，21世紀起是網路。不過即使媒介改變了，內容永遠不變的是人類間的性行為。

在70年代A片仍須到電影院觀賞，到了80年代，錄影帶的到來使得在家觀看成為主流，A片的產值呈現巨幅成長，到了90年代網路和DVD的出現，A片的生產和發行又再次大幅成長（錄影與網路技術的躍進，可以大幅降低生產成本，與讓人網上收看，是A片成長的兩大關鍵），到今天，A片已經是電影工業最大的一個分支，光美國在2005年的產值就已經達到1萬億美元左右了。

70年代在美國A片演員曾被控告起訴賣淫的罪名,最後此一起訴失敗,法院判決賣淫是與某人進行金錢交易的性行為,而A片演員則是與片商進行金錢交易的性表演。從而確立了A片的合法性。

相較於此,最早讓A片合法的國家是丹麥,丹麥在1967年由司法部宣佈色情刊物合法,1969年宣佈色情影片合法,都是世界最早的紀錄。

197
【A片明星porn star】:
著名而有人氣的A片演員

美國第一個最有名的A片明星便是1972年「深喉嚨」的女主角Linda Lovelace。90年代中期至今的10年內,則以Jenna Jameson(被稱為「The Queen of Porn」公認最成功的A片女明星,2004年出書「How to Make Love Like a Porn Star」馬上成為暢銷熱門書),Tera Patrick,Briana Banks和Silvia Saint最廣為人知。

在80年代,愛滋病造成不少A片演員的死亡引起恐慌,之後A片產業開始建立醫療保健的基礎,並設定美國A片演員每30天都必須做一次檢查(HIV testing),並建立每個人的追蹤資料。不過2004年兩個知名A片演員檢驗出陽性的結果(感染)依舊震驚了整個加州的A片產業(因為許多人都跟他們合作過),為此整個產業停工60天從新檢驗所有登記的演員。所以A片演員在這個愛滋病仍無有效治療方式的年代,是一個非常高風險的工作。

而在日本則依性別分稱AV男優與AV女優,著名的AV女優有飯島愛,及川奈央,草莓牛奶,南波杏,金澤文子,渡瀨晶……等等。

198

【自己拍gonzo／hamedori】：
特指A片演員身兼攝影師的拍片類型

Gonzo是60年代末由美國的Hunter Thompson發展出來的報導風格，即拋棄過去新聞學所堅持的客觀報導立場，加入作者自己的主觀觀點（Gonzo這個字來自《愛麗絲夢遊仙境》一書, 代表難以形容的東西），後來A片工業便把A片演員身兼攝影師的拍片類型稱為gonzo，因為鏡頭帶進了性交者的主觀視野，而非旁觀者的視野。而在日本則將這種類型稱為hamedori。

199

【H／Hentai】：
日本動漫界對色情內容產品的稱呼

除了A片之外，另一些當紅的日系性媒體則是「H game」、「H動畫」與「H漫畫」，這些指的是以性為內容的遊戲動漫（也就是A game、A動畫、A漫畫的意思），這個H就是Hentai，意思是日文「變態」，原義為男性對女性做出讓女性感到羞恥的事情，後來因將H這個縮寫引申為情色，成為日本近代動漫文化的習慣用語。而激H就是特別激烈的H，也就是特別A、重口味、吃重鹹的意思，對性行為細節的描述會更加煽情，用更多的篇幅比例。

200
【性教育sex education】：
對於性別／性生理／性行為的種種觀念教育

有沒搞錯，居然在最後性產業這個環節講性教育？沒辦法，誰叫台灣的性教育幾乎就
是A片跟性服務業代勞的，所以就在這裡談性教育吧。

雖然理想中的性教育應該包含性別教育，以及性歷史與性觀念的教育，但是很遺憾的
，目前存在的性教育大體上只能說是很粗淺的性生理學，簡介一下生殖器官，說明一下
胚胎和胎兒發展的嬰兒誕生過程，告誡一下性病，以及基本的避孕方法。但是對於如何
性交，如何尊重性伴侶...這些真正關係到一個人性生活品質的知識，卻都任由青少年
從A片、性服務業中錯誤學習或婚前性行為一知半解的摸索。

這注定是失敗的，並且讓整個社會的性文化無法提升。對於台灣這樣一個仍有著性奴
隸制的賣淫產業，有著亂倫女兒的父親，接近買賣的外國新娘，以及許多女學生墮胎
的地方，良好的性教育實在有相當的需要性。

171

Z

z

後 戲）〕語 ㄱ
z

後戲是溫柔的，也可以是下一回合做愛的前戲，前與後，男與女，簡單的
兩個元素就可以變化出無盡的事物，而這種變化告訴了我們：人類最重要
的性器官是大腦，而不是陰莖（所謂用老二思考就意味著沒有創造力的色
狼表現）跟陰道或肛門。

運用大腦的想像力與創造力，性生活才可能多采多姿，無論多麼熟悉各種
性嗜好與性遊戲或性玩具，如果沒有想像力在其中，一切遲早都會讓人覺
得枯燥乏味的。

另外，這本書的寫作策略是站在一種尊重差異的立場上進行的，很多事物
的本質上是沒有差別的，有差別的只是「程度」，像是每個人都會憂鬱但
不是每個人都有憂鬱症，就像是每個人都有窺視與暴露的慾望，但不是每個
人都有窺視癖與暴露癖。

每個人在性方面的實踐以及嗜好，基本上雖然有很多複雜的先天（例如，
性傾向）與後天（例如，成長地區的性觀念）因素存在，不過並不需要彼
此歧視，因為大多數來說，只是程度上的差異而已。

【附錄性術語】

【香港歡場篇】

【打波】：花錢撫摸乳房。波指女性乳房，源于英文的ball。
【打飛機】：小姐手淫（hand job）躺床上的客人到射出，比喻為高射炮打飛機。
【胸推】：用乳房夾陰莖乳交，或乳房按摩全身（又稱波推）。
【臀推】：用屁股按摩陰莖。
【口暴】：射在小姐嘴裏。
【雙飛】：一個男的與兩個小姐性交。
【三通】：用陰莖幹小姐的嘴，陰道與肛門。
【骨場】：指按摩鬆骨店 。
【骨女】：按摩女郎 。
【桑拿】：三溫暖。
【北姑】：港臺地區稱大陸女子。
【鬼妹】：即金絲貓，外國女子。
【出火】：又叫交貨，指男子射精。
【街鐘】： 出場費。
【炮房】：指色情場所與小姐打炮的房間。

【棒球篇】

【封殺】：接吻前被阻止。
【觸殺】：撫摸時被阻止。
【接殺】：期待許久的上壘（進行性行為）機會落空。
【一壘打】：接吻。
【二壘打】：腰部以上的愛撫。
【三壘打】：腰部以下的愛撫。
【短打】：自己打手槍。
【指定打擊】：召妓。
【場內全壘打】：口交。
【全壘打】：性交。
【場外全壘打】：肛交。
【延長賽】：射精後恢復勃起繼續做愛。
【失誤】：保險套在使用中破裂。
【球員涉嫌賭博】：在不用保險套的情況下性交。
【後援投手】：使用按摩棒、跳蛋等性玩具。
【菜鳥球員】：處男或處女。
【青少棒】：跟未滿 18 歲的對象性行為。
【盜壘】：硬上。
【滿壘】：群交。
【三上三下】：早洩。
【簽約】：結婚證書簽名。
【附加條件簽約】：奉子成婚。

【索引】

【A】

adult video　A片　168
affair　外遇　041
afterplay　後戲　070
aftershock　餘震　079
airtight seal　密封包　097
anal beads　肛門拉珠　146
anal sex　肛交　064
animal play　動物扮演　086
animal sex　獸交　066
a prostitute in an apartment　一樓一鳳　166
asexual　無性戀　031
auctioned off　性奴拍賣　120
autofellate　自吹　046

【B】

babydoll　178 短睡袍　152
ball gag　167堵嘴球　147
BDSM　117皮繩愉虐　109
bisexual　015雙性戀　030
blowjob　044吹喇叭　056
bondage cuff　168綁縛銬　147
bondage mask　169綁縛面罩　148
bondage　119綁縛　112
both flavours　103雙拼口味　100
breast fetishism　140戀乳癖　129
bukkake　067一起射　068
butt plug　163肛門插　145

【C】

casual sex　隨性做　107
catsuit　貓裝　154
chastity　玩貞操　120
chastity belt　貞操帶　148
child pornography　兒童色情　089
chocolate train　巧克力列車　098
circle jerk　手槍圈　098
closed group marriage　交換伴侶　106
cock ring　陰莖環　144
cock sucking　吹喇叭　056
cohabitation　同居　038
collar　項圈　118
come out　出櫃　032
corset　束腰　152
cottaging　公廁炮　109
cunnilingus　舔陰　058
cybersex　網愛　047

【D】

daisy chain　雛菊鏈　100
deep throat　深喉嚨　056
dildo　假陽具　138
discipline　調教　116
dominance & submission　支配與臣服　117
double-ended dildo　雙頭龍　140
double penetration　插兩根　097
dry orgasm　無射精高潮　076

【E】

egg　跳蛋　137
ejaculation　射精　067
emancipation of sexuality　性解放　017
enema　灌腸　126

【F】

erotic asphyxiation　窒息性性愛　127
erotic clothing　情趣服飾　150
erotic dreams　春夢　082
erotic furniture　性家具　149
eroticism　性慾　044
erotic massage　色情按摩　162
erotic spanking　打屁股　124
escort　伴遊／三陪　166
exhibitionism　暴露癖　132

【F】

facial　顏射　068
fake orgasm　假高潮　078
female ejaculation　女性射精　069
fetish　戀物　128
figging　陰肛刺激　126
finger-fuck　手交　061
fisting　拳交　065
fisting sling　性用索　150
flagellation　鞭打　125
flirt　調情　044
foot fetishism　戀足癖　128
footjob　腳交　061
foreplay　前戲　048
frotteurist　癡漢／痴漢　084
frottage　磨蹭　061
fuck　打炮　051
fuck buddy　炮友　038

【G】

gag　堵嘴　114
garter belt　吊帶襪　151
gangbang　大鍋炒　103
gay　男同性戀　024
glass of water theory　一杯水主義　018
GLBT　028
golden showers　黃金雨　129
good pain　痛得好　127
gonzo　自己拍　170
group sex　群交　096
G-spot　G點　078
G Spot sex toy　G點性玩具　137

【H】

H /Hentai　170
hamedori　自己拍　170
harem　後宮　121
heterosexual　異性戀　022
homophobia　恐同症　033
homosexual　同性戀　023
hum job　震盪　059

【I】

incest　亂倫　085
intercourse　體內性交　064
interfemoral intercourse　股間交　052
irrumati　操口　056

【K】

kiss　036親吻　049

【L】
leather fetishism 皮革癖 130
lesbian 女同性戀 029
libido 性慾 044
line marriage 112交換補給線 106
little death 爽死 079
live sex show 活春宮 161
Lolicon 羅莉控 090
Lolita 羅莉塔 090
love bite 愛咬／種草莓 050
love chair 情趣椅 149
love swing 太空鞦韆 150
love touch 愛撫 048
lubricant 性潤滑液 143
Lucky Pierre 幸運皮耶 101

【M】
moaning with pleasure 叫床 067
make love 做愛 051
marriage 婚姻 040
masturbation 自慰 045
masturbator 自慰套 143

mooning 賞月亮 133
MILF 人妻 086
MFF 一男兩女 102
MFM 一女兩男 102
MOTS 同性成員 025
multiple orgasms 多重高潮 077
munch 大聲嚼 112

【N】
Napoleon's hat 拿破崙帽 101
nipple clamps 乳頭夾146

【O】
one-night stand 一夜情 037
open marriage 開放婚姻 105
oral sex 口交 054
orgasm 性高潮 076
orgy 轟趴 108
outercourse 體外性交 052

【P】
peep show 窺視秀 162
pegging 釘牢 065
penis extension 陰莖增長套 146
phonesex 電愛 046
phone sex worker 性愛電話工作者 168
polyamory 三人行 105
position 體位 066
professional dominatrix 專業支配 167
professional submissive 專業臣服 167
prostate pleasure 前列腺快感 074
prostitute 賣淫 163
public sex 打野炮 108

【Q】
queer 酷兒025

【R】
rape fantasy 強姦幻想 088
realistic vagina and anus 逼真倒模套 144
red wings 紅翅膀 059
rim job 舔肛 057
rimming 舔肛 057

【S】
sadism & masochism 施虐與受虐 122
safeword 安全暗號 122
sensation play 玩感覺 124
separation 分居 039
sex doll 性娃娃 142
sex education 性教育 171
sex industry 性產業 160
sex life 性生活 082
sex machine 性機器 142
sex mate 性伴侶 036
sexology 性學 016
sex shop 情趣商店 157
sex talk 叫床 067
sex toy 性玩具 136
sixty-nine position 69 059
sexual ageplay 性年齡扮演 088
sexual harassment 性騷擾 018
sexual fantasy 性幻想 083
sexual intercourse 性行為 045
sexual intercourse 性交 050
sexual orientation 性傾向 022
sexual pleasure 性快感 074
sexual plurality 性多元 016
sexual role-playing 性角色扮演 084
sex workers 性工作者 163
shibari 繩縛 116
Shotacon 正太控 092
snowballing口傳精液 069
snow fire blow 冰火五重天 058
spitroast 串烤 096
straight 直同志 029
strapon-on dildo 皮帶假陽具 138
striptease 脫衣舞 161
stripping fetishism 脫衣舞癖 131
swinging 性放浪 104
Sybian 馬鞍型性機器 140

【T】
teabagging 舔陰囊 057
Thigh-high_boot 長腿靴 154
tit-fuck 乳交 060
Transgender 跨性別 031

【U】
uniform fetish 制服癖 131
unitard 全身緊身衣 153

【V】
vibrator 震動器 136
vanilla sex 香草性愛 096
voyeurism 窺視癖 132

【W】
wet dream 夢遺 082
wax play 滴蠟 125

【X】

【Y】

【Z】
zentai 全包式緊身衣 157
zipper 拉鍊 146

140

性愛200擊
200個讓你／妳大開眼界的性名詞

作　者／陳梅毛
特約主編／Gin
設計構成／生形設計　bill0618@so-net.net.tw

副總編輯／吳永佳
主　編／林明月
行銷企畫／夏瑩芳

發 行 人／何飛鵬
法律顧問／中天國際法律事務所
出　版／布克文化出版事業部
　　　　城邦文化事業股份有限公司
　　　　台北市中山區民生東路二段141號5樓
　　　　電話：(02) 2500-7008　傳真：(02) 2502-7676
　　　　Email：sbooker.service@cite.com.tw
發　行／英屬蓋曼群島商家庭傳媒股份有限公司城邦分公司
　　　　台北市中山區民生東路二段141號2樓
　　　　讀者服務專線：02-2500-7718
　　　　24小時傳真服務：02-2500-1990
　　　　讀者服務信箱E-mail：service@readingclub.com.tw
　　　　劃撥帳號：19863813；戶名：書虫股份有限公司
香港發行所／城邦（香港）出版集團有限公司
　　　　香港灣仔軒尼詩道235號3樓
　　　　電話：852-25086231　　傳真：852-25789337
　　　　Email：citehk@hknet.com
新馬發行所／城邦（馬新）出版集團
　　　　Cité (M) Sdn. Bhd. (458372U)
　　　　11, Jalan 30D/146, Desa Tasik, Sungai Besi,
　　　　57000 Kuala Lumpur, Malaysia.
　　　　電話：603-90563833　　傳真：603-90562833
　　　　Email：citekl@cite.com.tw
印　　刷／卡樂彩色製版有限公司
總 經 銷／農學社　電話：(02) 2917-8022
初　　版／2006年（民95年）5月
售　　價／280元

ISBN 986-81746-7-8

國家圖書館出版品預行編目資料

性愛200擊：200個讓你／妳大開眼界的性名詞／陳梅毛作.初
版.臺北市：布克文化出版：家庭傳媒城邦分公司發行, 民95
面；　公分

ISBN 986-81746-7-8（平裝）

1. 性知識 2. 性 - 字典, 辭典

429.104　　　　　　　　　　　　　　　　95005437